ART ENCYCLOPEDIA

BOOKS

青少年科学与艺术素养丛书

中国书法

小书虫读经典工作室　编著

天地出版社 | TIANDI PRESS

山东人民出版社·济南

国家一级出版社 全国百佳图书出版单位

图书在版编目（CIP）数据

中国书法 / 小书虫读经典工作室编著. — 成都 : 天地出版社 ; 济南 : 山东人民出版社, 2022.6
（青少年科学与艺术素养丛书 ; 20）
ISBN 978-7-5455-7078-6

Ⅰ. ①中… Ⅱ. ①小… Ⅲ. ①汉字—书法史—中国—青少年读物 Ⅳ. ①J292-09

中国版本图书馆CIP数据核字（2022）第072423号

ZHONGGUO SHUFA
中国书法

出品人　杨　政
编　　著　小书虫读经典工作室
责任编辑　李红珍　李菁菁
装帧设计　高高国际
责任印制　董建臣

出版发行　天地出版社
（成都市锦江区三色路238号　邮政编码：610023）
（北京市方庄芳群园3区3号　邮政编码：100078）
山东人民出版社
（山东省济南市市中区舜耕路517号11-14层　邮政编码：250003）
网　　址　http://www.tiandiph.com
电子邮箱　tianditg@163.com
经　　销　新华文轩出版传媒股份有限公司

印　　刷　北京盛通印刷股份有限公司
版　　次　2022年6月第1版
印　　次　2022年6月第1次印刷
开　　本　700mm×1000mm 1/16
印　　张　300（全20册）
字　　数　4800千字（全20册）
定　　价　998.00元（全20册）
书　　号　ISBN 978-7-5455-7078-6

咨询电话：（028）86361282（总编室）
购书热线：（010）67693207（营销中心）

厚植沃土——在知识与知识之间

序一

高品质的图书是精良的知识补给，对于基础教育至关重要。它应该是客观的、开阔的、系统性的。“青少年科学与艺术素养丛书”由小书虫读经典工作室编著，整套图书共20册，涉及艺术素养的有10册，它们内容翔实，不仅涵盖了中国和外国的绘画史、文学史等基础内容，亦包括关于中国书法史和中外音乐史、建筑史、戏剧史等别具一格的分册。

系统的知识构成，体现出教育认知的深度。各分册之间的内在关联，则凸显出丛书的科学性和计划性。在这套丛书中，各门类知识之间不仅环环相扣，更是相互嵌套的。知识之间的这种线性链接和复合交错的双重属性，就是知识的基础结构，它是促成人类自主认知机制的内在支撑。比如丛书中《外国美学》与《外国绘画》就是这种链接关系，美学史与绘画史之间，既是抽象和具体的关系，亦是文本和现实的对照。

精良的知识系统具有复合性。各知识门类之间彼此交叉、互为成全。建筑、戏剧等具有空间属性的艺术，本身便是社会现实的写照，体现了人类在自然条件下开拓和营造空间的能力。它既得益于知识之间的相互结合，又是孕育新知识的母体。建筑艺术就是这方面的典型，它一方面依赖于知识的综合性，一方面又营造了知识生产的文化生态，成为新知识培育和娩出的子宫。丛书中的分册《中外建筑》着实令我欣喜，这俨然显示出一种气象不凡的新型知识格局。

优质的系列丛书具备均衡性。就公民美育的目标而言，大美术是一个富于活力的概念，它为整体素质的提升创造了更为丰富的成长路径和进步空间，对处于启蒙阶段的儿童以及思维养成阶段的少年而言更是如此。美育的入道，理应多元并举、触类旁通。语言文学和视觉艺术之间存在贯通的可能性，听觉艺术和视觉艺术之间也具有内在关联。不同的感官是人类认知世界的通道和媒介，我认为所有感官的开启和闭合都是阶段性的，令我们得以交替运用不同的方式去认知世界。因此，我们需要从小关照各种感官，启发、呵护、培植它们，令它们保持开启的可能性与敏感性，以便伺机而生、临机而动。

在一个人思维模式的形成过程中，理性思维是认知基础和养成目标，但感性思维亦不可或缺。理性主宰着思维方式，感性则关乎灵气。文学、美学、艺术以及建筑领域的经典个案，皆渗透着情感的力量。每一种知识体系的形成都历经了漫长的演变过程，这就是历史。历史学习之所以重要，就在于理性观摩的积淀，以及感性思维的导向，由此，我们可以看到一种理性与感性反复交织的自生模型，并深得裨益。

苏丹

清华大学艺术博物馆副馆长、清华大学美术学院教授

2020 年 3 月 4 日于北京 · 中间建筑

有艺术滋润的生活才快乐

序二

在人类历史的漫长岁月中，艺术一直伴随着人们的生存和发展。数千年来，不同地区、不同生活生产方式下的人们，无不拥有着各自不同形式的艺术。文学、戏剧、音乐、绘画、建筑、美学等艺术形式，不仅记录了人类自身的生产实践，更表达着他们代代相传的丰富想象力及对理想信念、品德智慧的情感追求。

文化艺术活动反映人们的精神世界，是人类生活表象背后的精神轨迹，也是人类社会的内涵和价值取向。审美生活是人类生活中最高贵的形式，没有艺术滋润的生活是不快乐的。“仓廪实而知礼节，衣食足而知荣辱”是中国古人留给我们的箴言。子曰：“志于道，据于德，依于仁，游于艺。”蔡元培先生认为，美育是最重要、最基础的人生观教育，“所以美足以破人我之见，去利害得失之计较，则其所以陶养性灵，使之日进于高尚者，固已足矣”。文化艺术是人类情感精神活动的结晶，是人类的最高境界和生活方式。这种超越物质生活的精神层面之自由天地，就是文化艺术存在的重要意义。

在当今中国的社会生活中，孩子们学琴、学画画儿，参加各种艺术活动已非常普遍。为了提高学生的美育水平，社会、学校都有明确的目标要求和行动落实。未来中国，文化生活将会变得越来越必需，越来越重要。引导孩子们从小了解、速览各门类艺术史，借此在潜移默化中提升气质修养、凝聚精神力量、积累学识认知可谓至关重要。

这套丛书中与艺术相关的分册内容非常丰富，包括文学、戏剧、音乐、绘画、书法、建筑、美学等各艺术门类，知识性、专业性很强，但又并不枯燥难懂。每本看似体量不大，却是对该艺术门类发展史的高度概括和简述，直观清晰。古今中外，人类文明发展过程中曾对人的精神产生过重要影响的各种艺术形式、观点、环节、人物、作品如同被卫星定位和导航般，在此一下子轮廓尽收，路径显现。

把数千年来的专业知识用通俗易懂的方式介绍给孩子们不是件容易的事。这不是一个简单的“浓缩历史”的工作，而是一项长期且艰难的系统工程。编者需要付出极大的耐心和做出大量的案头工作，必须分门别类，撷取精华，去伪存真，突出特点；同时还要各门类间互为参照补充，遥相印证，准确表达。孩子们通过阅读这套艺术简史，可以了解、掌握必要的“打底”知识，从而理解人类精神情感生活来源的方方面面及发展脉络，可开阔视野，增长见识，激发情趣，进而通过艺术理解生活，实属开卷有益。

还应该引导读者们通过阅读这套书，发现这样一个现象：每当世界有了新的技术和情感记录方式时，文学艺术的创作风格就会另辟蹊径。所谓从物质文明到精神文明的飞跃恰恰体现于此，而为什么说文化是现代社会的核心价值观和竞争力，也体现于此。

读者们通过图文并茂的阅读熟悉了历史的内涵，有了坐标之后，再去博物馆、美术馆、大剧院、音乐厅，感受、印证、共鸣一番，大量知识自然会轻松理解，终生难忘……

我离开大学 30 多年了，读了这套简史，又重温了一遍人类文明进程中的许多重要故事，收获颇丰，感慨良多。我觉得这套简史就是奉献给小读者们学习的精美甜点，如开启智慧的方便法门。不光对孩子们有帮助，同时也可供大人和孩子一起读，交流分享读书感受，老少皆宜，裨益生活。

安远远

中国美术馆副馆长

2020 年 3 月 10 日于中国美术馆

目录

第一章　文字初创，拙朴真实的图像世界

（前 1600—前 206 年）

甲骨文被偶然发现，拉开了中国数千年书法史的大幕。从商代的甲骨文到周代的金文，再到秦代的小篆，文字逐渐成熟和规范；从龟甲、兽骨到青铜器，再到石碑，书写开始得到推广和普及。书法艺术由此成为中国传统文化重要的组成部分。

第二章　线条律动，字体的视觉盛宴

（前 206—581 年）

从汉代到六朝，是汉字和书法发展史上非常关键的时期。秦代出现的隶书在这一时期发展成熟。同样出于高效书写的目的，隶书草化，演化出了草书。东汉末年，行书和楷书也都产生萌芽。至此，中国书法的五种字体已经完备。

第三章　书法盛世，为家国历史做见证

（581—960 年）

隋朝结束了中国长达 300 余年的社会混乱局面，而之后的唐代更是迎来了中国古代文化发展的巅峰。国家强大兴盛，文化灿烂辉煌，反映到书法中，便造就了一个发展的盛世。

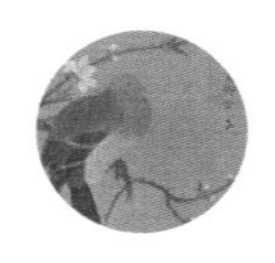

第四章 尚意书风，只做最真实的自己

（960—1279 年）

书法艺术发展到宋代，已经历经千百年，宋人不满足于单纯地讲究笔画、字体和布局，而是希望通过书法来挥洒意气，抒发心境，只做最真实的自己。

第五章　书画合流，师祖宗之法

（1206—1644 年）

元初赵孟頫开创了书法主导绘画的先河，又极力主张效法古人，他对元明两代的书法产生了极大影响。自从唐代开启了帖学，帖学一直是书法艺术的主流。进入明代后，帖学日益流于形式主义，美则美矣，但无灵魂。书法艺术走入了死胡同，渐无生气。

第六章　返璞归真，金石碑学成一统

（1644—1949 年）

清代帖学热潮退去，人们一路上溯，抛开宋代和明代的影响，到唐代书法中寻找法度，到晋代书法中学习气韵，同时学习魏碑和金文，掀起了金石热。这一时期的书风用傅山的话说，就是“宁拙毋巧，宁丑毋媚，宁支离毋轻滑，宁真率毋安排”。

文字初创，拙朴真实的图像世界

（前 1600—前 206 年）

甲骨文被偶然发现，拉开了中国数千年书法史的大幕。从商代的甲骨文到周代的金文，再到秦代的小篆，文字逐渐成熟和规范；从龟甲、兽骨到青铜器，再到石碑，书写开始得到推广和普及。书法艺术由此成为中国传统文化重要的组成部分。

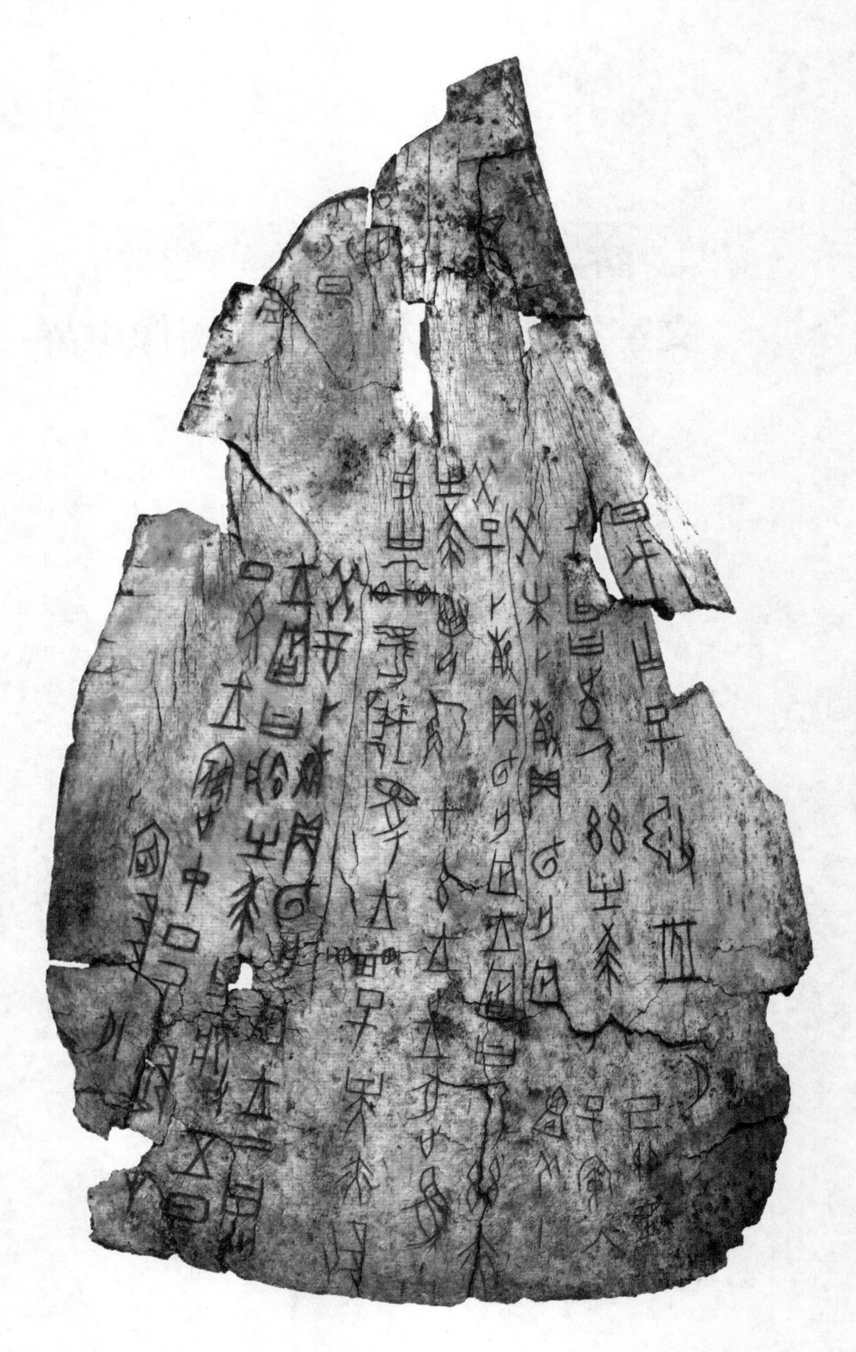

【图1】 甲骨文

书法的诞生：甲骨文

清代末期，在河南安阳小屯村一带，经常可以从地里挖到“龙骨”。龙骨是中医术语，指古代动物骨骼化石，可以入药。安阳挖到的龙骨，大部分是牛胛骨和龟壳，也有牛肋骨和鹿头骨，上面往往留有刀刻的痕迹。这些骨片被以低廉的价格卖给中药铺，刻有刀痕的价格更低，甚至卖不出去，只能扔掉，或者刮掉刻痕后再卖。

1899 年，清廷官员、金石学家王懿荣生病了，他无意中发现，从药铺买来的龙骨上或隐或现地刻有线条，整齐而有规律。经过仔细研究，王懿荣确定，这是一种古文字，而且已经相当成熟。于是王懿荣将药铺中的龙骨全部买下，并追根溯源，找到安阳小屯村，开始对其进行保护性发掘。

一年后，被誉为“甲骨文之父”的王懿荣去世。他收藏的千余片甲骨留给了门生刘鹗，也就是小说《老残游记》的作者。1903 年，刘鹗已收集了超过 5000 片甲骨，他将其中字迹清晰的编辑成《铁云藏龟》一书。《铁云藏龟》是世界上第一部甲骨文拓片集。

龟甲和兽骨质地坚韧，用刀在上面刻画，直线更为方便。所以甲骨文的笔画，以直线为主，曲线则往往由短直线连接而成。有的甲骨文作品在刀刻之前，先用红色或黑色笔墨做底稿；个别的只用笔墨书写，不用刀刻。总体来说，甲骨文的艺术风格是“以刀为笔”（图 1）。

从甲骨文开始，中国有了真正的书法。此前虽然也有文字，但还谈不上书法。书法必须具备三个基本因素：用笔、结体和章法。用笔，是指一笔一画有讲究；结体，是指字的构造有讲究；章法，是指字与字之间的布局有讲究。

甲骨文的艺术特征，也有一个逐渐变化的过程。最初简朴而浑厚，随着应用越来越频繁、越来越讲究，甲骨文逐渐变得更为工整、雅致、秀美。

甲骨文给后世的书法和篆刻留下很多可资借鉴的经验。比如稳健、匀称、平衡的结体方式，章法的错落避让，刀砍斧剁般的力度感，细笔如刀锋、粗笔如虬龙，等等。可以说，后世书法的所有艺术特征，在甲骨文中都已经初露端倪。

仓颉造字

传说汉字是仓颉发明的。仓颉有四只眼睛，是黄帝的左史官。他看到鸟兽的足迹受到启发，对其进行搜集、整理，创造了象形文字，这些文字就是汉字的雏形，所以仓颉被尊为“造字圣人”。据说仓颉造字成功的那天发生了怪事：“天雨粟，鬼夜哭。”意思是，天上下起了如雨一般的粟，夜里鬼怪像狼一样号叫。之所以会这样，是因为人类掌握了文字这个工具后，就能自由交流、记录事物、传承智慧，所以上天用粟来表示祝贺，而鬼怪因为再也无法愚弄人类而痛哭号叫。

钟鼎文字：金文

横空出世：商代金文

商代的文字除了有甲骨文，还有金文。

金文是指铸或者刻在青铜器具上的文字，因为当时人们称铜为金，所以这些文字被称为“金文”。随着科学技术的进步、文明程度的提高，商代的青铜冶炼和铸造技术取得了飞速发展。青铜器在当时属于国之重器，非常珍贵，为了说明铸造的原因和记载当时的国家大事，人们常常会在上面铸或者刻上数目不等的文字。因为当时的青铜器主要分为钟和鼎两大类，所以金文也被称为钟鼎文。金文从式样上看主要分为两类，线条凹进去的被称为“款”，线条凸出来的被称为“识”。青铜器中的礼器通称为“彝器”，所以青铜器上的文字还有个称呼叫“彝器款识”。

对金属铜的使用可以追溯到6000年前，传说中夏禹曾经铸造了9口大鼎，可惜没有流传下来，上面有没有金文也就不得知了。商代之后传世的青铜器较多。早期的青铜器上铭文字数很少，通常只有一两个字，不会多于10个字，如当时著名的青铜器“后母戊”青铜方鼎（图2）上，只有“后母”二字。随着时代的推移，青铜器上的字数开始越来越多，周朝和战国时期的金文，字数动辄就是上百。

【图2】 “后母戊”青铜方鼎

从字体的演变来看，很多金文都保留着甲骨文的形态，象形意味浓重。但是由于书写的技术和载体不同，金文相比甲骨文又有自己明显的特点。

金文极少直接刻在青铜器上，而是在做泥坯的时候刻在泥模子上。泥坯比甲骨要软得多，所以刻出来的字要更为粗壮，曲笔大量使用，字变得圆润起来。

结构布局方面，金文讲究统一的竖式排列。长篇幅的金文往往会布局成长方形，一列列文字整齐排列，看上去紧凑、大气。

在功用上，金文除了记载，还有另外一大用途，就是装饰。青铜礼器在当时非常珍贵，从样式到纹饰，再到上面的铭文，都要求美观，具有观赏性。所以金文的布局更加规范，更加整齐。

“后母戊”青铜方鼎

“后母戊”青铜方鼎是商王祖庚或祖甲为祭祀母亲戊而作的祭器，重832.84千克，是中国商周时期青铜器的代表作，原称“司母戊鼎”或“司母戊大方鼎”。出土于河南安阳，现收藏于中国国家博物馆。是中国国家一级文物。又因为它是世界迄今出土的最重青铜器，所以被誉为“镇国之宝”。

发展巅峰：周代金文

商朝的金文以一种成熟的文字出现可谓横空出世，但是金文真正的成熟期是在周朝，这一时期出现了大批金文经典作品，让人叹为观止。周朝的金文代表作很多，如被称为“晚清四大国宝”的大盂鼎、毛公鼎、散氏盘和“虢季子白”青铜盘。

【图3】 散氏盘

大盂鼎是西周康王时期铸造的，清代道光初年出土于陕西郿县礼村，现在收藏于中国国家博物馆。大盂鼎高 101.9 厘米，口径 77.8 厘米，共有铭文 19 行，219 字。大盂鼎铭文布局完整，字体匀称严谨，能够看出作者是在有意识地追求统一和谐的效果，这一点与甲骨文有明显不同，也为后来的书法发展奠定了方向：用笔含蓄内敛，没有过分夸张的地方；线条苍劲有力，饱满浑厚，更显质朴和大气。作为西周初期的作品，大盂鼎铭文已经体现出了相当高的书法艺术水准，其中体现出的朴厚、圆润、中和之美，不仅是当时王朝强盛的体现，更为日后中国书法确定了发展方向，立下了精神标杆。

毛公鼎是周宣王时期的作品，于清代道光末年出土于陕西岐山，现收藏于台北故宫博物院。毛公鼎高 53.8 厘米，口径 47.9 厘米，共有铭文 32 行，497 字，是周代出土的青铜器中铭文最多的一件。

毛公鼎是西周后期金文书法的代表作，笔法严谨凝练，起笔多用圆笔，收笔时则多用尖笔，刚柔并济，章法有度；字的结构上，圆中有方，方中有圆，转换自如，融会贯通；布局上，整篇铭文将近五百字，环鼎铸造，洋洋洒洒，气势壮观。无论从整体布局，还是每个字的处理上，毛公鼎铭文都能让人感受到制作者的严谨和用心，这也契合了文章内容所要表现的那种皇恩浩荡和大气传承，达到了笔意和文意相通的效果，这在当时非常难得。历代文人和书法家对毛公鼎铭文赞赏有加，近代书画家李瑞清曾说：“学书不学毛公鼎，犹儒生不谈《尚书》也。”郭沫若则赞美毛公鼎铭文说：“全体气势颇为宏大，泱泱然存宗周宗主之风烈。”

散氏盘（图 3）也被称为散盘、矢人盘，西周厉王时期铸造，清代乾隆初年出土于陕西凤翔，现藏台北故宫博物院。散氏盘铭文的内容是一份关于散、矢两国之间交割土地的契约，除了书法上的价值，还是研究当时土地制度的重要文献。

散氏盘铭文（图 4）是周代金文作品中的另类，它在兼具其他同时代青铜器铭文质朴、大气的特点的同时，在笔法、字体结构和布局上又有自己的鲜明特点。在用笔上，散氏盘铭文粗而不俗，古朴自然；在字体上，散氏盘铭文中的金文比其他金文要略扁，字态是横向的，这个特点后来被隶书汲取；

【图4】 《散氏盘》铭文（墨拓本局部）

在布局上，这篇铭文很多字形都是偏的，但是从整体效果上看偏中有正，形散神不散，表面笨拙，实则巧妙，表现出一种散漫肆意的豪放风气。散氏盘铭文在周代金文已经比较成熟的时期返璞归真，一反常态，具有极大的美学和艺术价值，被后世历代书法家推崇。

同样作为周宣王时期的作品，虢季子白盘铭文则是另外一种风格。虢季子白盘是虢季子白受到周宣王赏赐之后铸造的，以示纪念。在周宣王时期，金文已经比较成熟，并且出现了不同的风格，毛公鼎铭文以浑厚磅礴知名，而虢季子白盘铭文则以瘦挺精巧出名。

虢季子白盘铭文中字体修长瘦美，方笔和圆笔的运用切换自然，字形中间收紧，上下左右则比较开，字与字之间距离较大，布局上有大片留白，看上去疏朗大方。这篇铭文是当时金文最高水平的代表作之一，收放自如，章法自然，已经到了炉火纯青的地步。

周代作为青铜器和金文的鼎盛时期，佳作自然不只有上面提到的几件，其他作品如天亡簋铭文、九年卫鼎铭文、墙盘铭文、小克鼎铭文等，都是不可多得的艺术品。

随意天成：春秋战国金文

随着社会政治和经济的发展，金文到了春秋战国时期又发生了新的变化。这段时期的金文更加注重修饰性，注重同青铜器造型和纹饰的协调搭配，所以字体修长、线条婉转，亭亭玉立，高雅端庄。

春秋战国时期金文代表作集中体现在秦国的作品上，如秦公簋铭文、秦公钟铭文等。秦国作为春秋时期的大国、强国，这一点也体现在了青铜器的铭文上，周朝金文的雍容庄严，到了此时，变得肆意又不失劲健 ，文字中涌动着一股强硬向上的力量。

秦公簋是春秋时秦国铸造的青铜器，由底盘和盖两部分组成，上面分别

【图5】 秦公钟

铸有铭文，共百余字。秦公簋是当时青铜器的代表作，上面的铭文有很明显的对周朝金文的继承，但又有自己的特色。这篇铭文中，文字笔画很细，其中力道十足，尤其是在转笔的时候，能感觉到一股狠劲；字体结构匀称，看似严谨但并不死板，笔画间常有活变，表现出一股矜持中的自信。秦公簋铭文在书法史上占据重要的地位，很多人将其视为秦朝文字的源头，后来的篆体源头便是这里，其他字体的产生和发展也深受影响。

秦公钟（图 5）也被称为秦武公钟，春秋秦武公在位时期铸造，出土自陕西宝鸡。当时一共出土了 5 件编钟，组合起来是一套，每件编钟大小不一，上面各有铭文，共计 135 字。秦公钟铭文中体现出了典型的先秦文字风气，柔中带刚。这篇铭文中的金文有周朝金文的遗风，文字笔画细腻，但是用笔中处处藏着力道，无论是圆笔的时候将力道藏在其中，还是直笔的时候直接显露出来，总能让人感觉到婀娜中蕴含的刚劲。这篇铭文中不仅每个字线条流畅优美，整篇文字的布局也称得上和谐自然，字与字之间距离要比别的作品大，打造出一种疏朗的美感，让人赏心悦目，越看越觉得有滋味。

秦始皇统一中国之后，进一步统一了文字和度量衡，在这样的背景下诞生了颇具趣味的秦二十六年诏版金文（图 6）。板上的金文字体为篆体，共计 40 字，内容是皇帝颁布的关于统一度量单位的诏书。

这样的铜板和上面的金文在当初制作时，唯一的出发点是实用，并非观赏，并且因为大批量制作，所以有些粗糙；但正是因为制作者当初的不刻意讲究，无拘无束，才让上面的金文看上去自然天真，有一种别样的美。

虽然秦诏版上面金文的作者不为人所知，但是通过这些金文我们能感受到他娴熟的技艺和高超的书法水平。这些文字中方笔用得多，圆笔用得少，只是偶尔用一下起点缀作用；字体规矩，呈长方形或者正方形，但是字形大小不一；并且字与字之间的疏密程度也不一样，开始的时候疏松一些，越到后来越紧致；这样的大小不一和疏密不匀，一方面确实表明当初的制作是随意而为，另一方面营造出一种别样的朴素和天真的效果，让人看了不禁喜爱。秦诏版金文的风格对后来的篆书影响极大，可以说奠定了篆书发展的基础。

【图6】 秦诏版铭文（墨拓本局部）

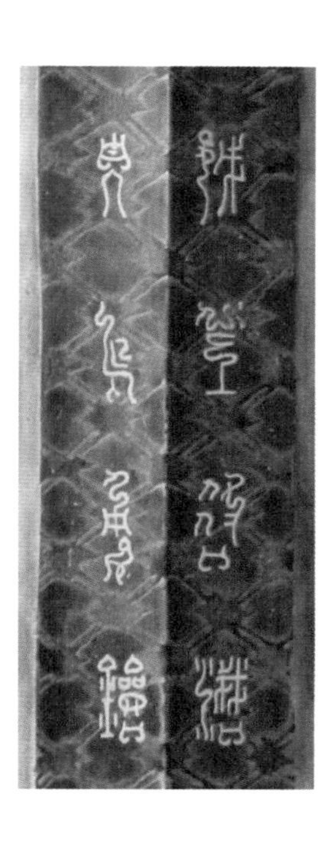

【图 7】　越王勾践剑及剑上的鸟虫书

鸟虫书

在金文当中，还有一种特殊的字体——鸟虫书。此书字如其名：鸟书的笔画如鸟形，或在字旁与字的上下附加鸟形；虫书的笔画蜿蜒盘曲，中间鼓起，首尾尖利，长脚下垂。鸟虫书盛行于春秋中后期至战国时代的吴、越、楚等南方诸国。鸟虫书常刻于兵器之上，最著名的是越王勾践剑（图7）。此外楚王子午鼎、中山王厝方壶上的铭文也极具代表性。成语“雕虫小技”的“虫”指的就是鸟虫书。

大篆到小篆的见证：石鼓文

唐代初年，在今天的陕西凤翔，发现了10个花岗岩制的石墩，每个高约60厘米，形状像鼓，所以也被称为“石鼓”（图8）。起初关于这些石鼓的制作年代存在争议，有人认为是周宣王时期的作品，但是经过后来长期的考证，大家公认这些石鼓是秦襄公时期的作品。每个石鼓上都环刻有一篇韵文，记载了秦国国君出游打猎的事情。因为这些文字刻在石鼓上，所以被称为石鼓文。

据推算，石鼓文最初应有600多字，但是历经千年风吹雨打，颠沛流离，如今只残存了272字。石鼓文在中国书法史上的地位极其重要，在多个领域都有开创性。在石鼓文出现之前，甲骨文和金文虽然也具有极高的欣赏价值，但终究是实用性的文字，更注重记述，或者只是器具上附属的一种装饰。但是石鼓文是纯粹用来观赏的文字，并且不是观赏的附属物，而是主要对象。书法在这时候变成了一种单独的艺术形式，正因如此，石鼓文的艺术性高于之前的甲骨文和金文。

石鼓文的笔法挺拔、浑厚，明显是继承自甲骨文和金文，但是笔画间的粗细变化要比金文小，整体看上去更均匀，笔画间藏着一股力道，圆润且凝重，每个字都能让人感受到重心所在，稳重踏实。从布局上讲，因为石鼓文是刻在相对平整的石面上，比之前的甲骨和青铜器更为方便，所以更好规划布局，也更能体现书法的艺术性。石鼓文对空间留白非常注重，甚于金文，布局规整、均匀，视觉上讲究对称，给人以稳重感。

【图8】 石鼓文

石鼓文在书法史上具有承前启后的作用，是大篆和小篆之间的过渡。秦始皇统一六国之后统一了文字。在此之前，甲骨文和金文的字体统称为大篆，此后文字进入了小篆时期。小篆是大篆的简体，笔画更简单、规范和工整。大篆到小篆的转变可谓是中国书法史上的重要事件，而石鼓文正是这一事件的见证者和记录者。在石鼓文中，异体字已经大大减少，这正是小篆的风格；而也有个别字在不同地方会以不同字体出现，写法多达三四种，这是典型的文字统一前的大篆风格。

石鼓文自从被发现起便备受关注，历代文人不惜笔墨，写文章赞叹石鼓文的精妙，其中不乏大家，比如杜甫、韩愈、韦应物、苏轼、康有为等等。康有为在《广艺舟双楫》中说："若《石鼓文》如金钿落地，芝草团云，不烦整截，自有奇采。体稍方扁，统观虫籀，气体相近。《石鼓》既为中国第一古物，亦当为书家第一法则也。"近代很多大书法家的篆文也都明显继承自石鼓文，其中最典型的要数吴昌硕，据说他数十年如一日，临摹石鼓文。

石鼓的前世今生

在唐代，石鼓一经发现便立刻引起了重视，韩愈为此专门作了一篇《石鼓歌》，希望这些石鼓能够得到保护和妥善的安置。郑余庆将这些石鼓从野外移到了凤翔孔庙，使其免遭风吹雨打。五代时期，兵荒马乱，十个石鼓丢了一个，直到宋代的时候才从民间找回来。传说宋徽宗非常喜欢这些石鼓，让人用黄金将上面刻的字填满，使其免受反复拓印的损坏。但是后来金人攻占汴京，不仅将石鼓上的黄金挖下来，还将石鼓运到了燕京。抗战时期，为了避免这些石鼓落入日本人手中，石鼓被南迁，抗战胜利后才重新回到北京（当时称北平），如今被安置在北京故宫博物院中。

秦刻石的永恒与不朽

公元前221年，秦始皇统一中国，随即开始一系列改革，其中便包括各国的文字被统一，小篆被定为正体字。

当时的小篆已经比较成熟，从书法的角度上讲，有自己的美感。小篆的笔画一般是或平直的或弯曲的单线，粗细基本一致，线条中蕴含着一股刚劲和浑厚；字形方面，小篆的字体偏狭长，上半部分偏紧，下半部分舒展，给人一种端庄又疏朗的感觉；布局上，无论是笔画之间，还是字与字之间留白，都匀称、严谨又美观。

完成文字统一工作之后，人们将李斯的《仓颉篇》、赵高的《爰历篇》、胡毋敬的《博学篇》当作小篆的范本，对当时普及小篆起到了重要作用。但是可惜，这些范本都已经失传。幸运的是，秦朝时期，帝王喜欢将歌功颂德的话刻在山石上，当时的泰山、峄山、琅琊台、碣石、会稽等地方都留下了刻石文章，共有七处，故又称“秦七刻石”“秦七碑”。如今，我们还能看到其中的三处，即泰山刻石（图9）、琅琊刻石和峄山刻石（图10）。其中仅泰山刻石与琅琊刻石为秦时作品，而峄山刻石只有摹本存世。

泰山刻石是泰山最早的刻石。刻石四面环刻，前三面系秦始皇东巡泰山时所刻，第四面为秦二世胡亥即位第一年刻制。相传均出自李斯之手。但目前泰山刻石仅仅存二世诏书十个字，现存于泰山脚下的岱庙内。而琅琊刻石也仅存十二行半，八十七字，现存于中国国家博物馆。

【图9】 泰山刻石（北宋墨拓本局部）

【图 10】 峄山刻石（墨拓本局部）

峄山刻石早期就被推倒焚毁，只留下摹本存世。据说早在唐代就有峄山刻石的摹本存世，杜甫还专门有诗提到这件事："峄山之碑野火焚，枣木传刻肥失真。"不过唐代的摹本没有传世。五代时期著名的书法家徐铉有一份峄山石刻摹本，他的弟子郑文宝得到这份摹本后，于宋代淳化四年在长安重刻为碑文。这个版本的摹本被称为"长安版"，如今这块石碑存放在西安碑林。

长安版峄山刻石虽然是摹本，但字里行间都透着秦朝篆文的意境，是研究秦朝篆文最好的材料之一。长安版的峄山刻石中，用笔简洁，整齐划一，线条粗细均匀，转角几乎都用圆笔，运笔自如，尽显线条的柔美，同时柔中带刚，不乏劲健。从字形上看，字体均衡，有对称之美，但是并不死板，而是稳中求变，既显得端庄，又不乏灵气。构图上看，峄山刻石布局规整，流畅自然。也有人说峄山刻石过于森严，有压抑感，而这正好契合了当时的社会现状。秦朝在历史上十分短暂，但是统治之残酷、法制之严谨却相当厉害，这一点在峄山刻石的文字中也能感受到一二，而能体现时代风气也是书法的魅力之一。

李斯

李斯，字通古，河南上蔡人。他先是拜荀子为师，学习"帝王之术"，学成后来到秦国，很快得到秦王嬴政的赏识，帮助嬴政完成统一六国大业。秦朝建立后，李斯被任命为丞相，为封建政治制度的建立提出了一系列政治主张，比如：制定礼仪制度；建议拆除郡县城墙，销毁民间的兵器；反对分封制度，坚持郡县制；主张焚烧诸子学说，禁止私学，统一文字。

李斯除了是一位政治家，还是一位文学家和书法家，擅长书写小篆。唐代的张怀瓘曾经在《书断》中评价他的书法："画如铁石，字若飞动，作楷隶之祖。"

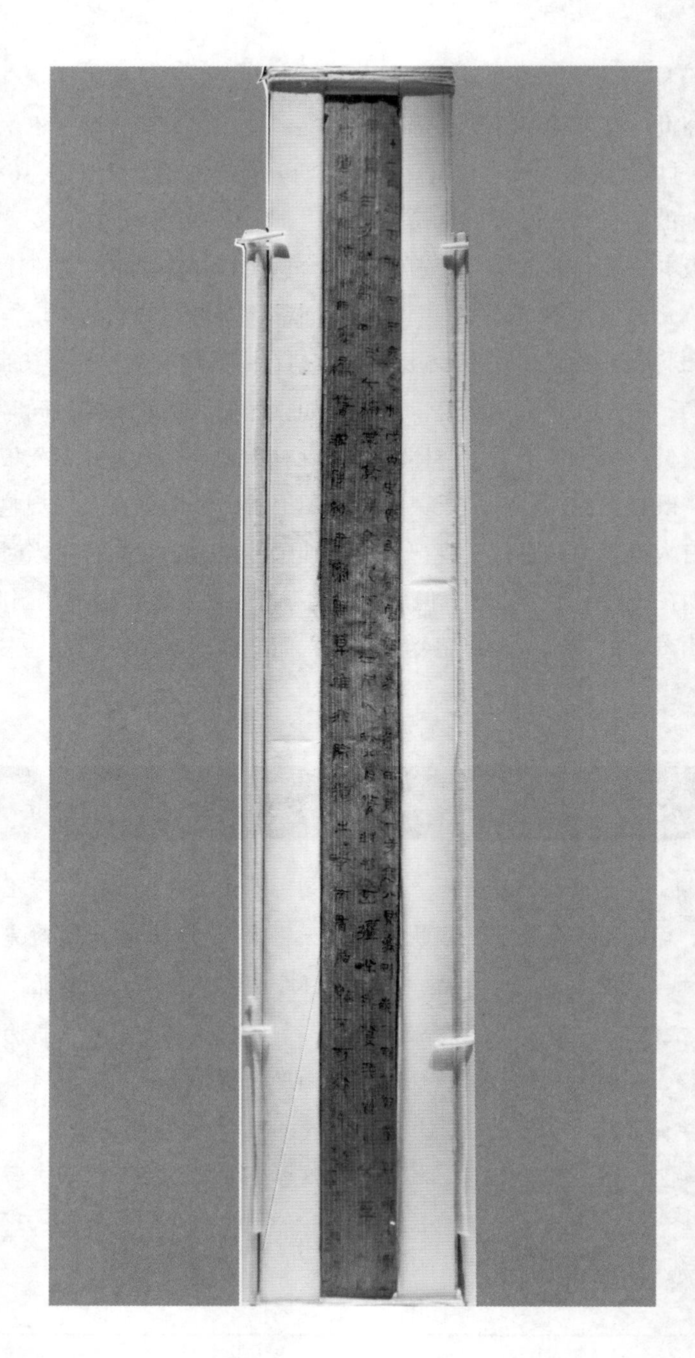

【图 11】 青川木牍

隶变之初，破圆为方

在秦朝将小篆定为官方通行文字的同时，隶书也开始慢慢出现，尤其是随着秦朝简牍的不断出土，更加证实了这一点。

简牍是竹简和木牍的合称。古人将竹条和木板表面刨平、刨光，然后在上面书写文字。竹简一般狭长，只能书写一行字，木牍则至少可以写两行，所以竹简几乎不考虑行与行之间的布局，而木牍在章法上则要顾及布局。

简牍作为一个特殊历史时期的特殊书写材料，展现出的书法艺术也有自己的特色。因为书写材料狭小，简牍上的字一般也比较小，所以很多时候会给人一种充斥和塞满的感觉，但是就在这方寸间，文字顺流直下，营造出一种奔腾流畅的气势。而它上面记载的主要是琐事，这就使得书写者在写的时候毫无顾忌，率性而为，实现一种最自然的发挥，充满随意的美感。

目前发现的最早的简书出自战国中期的楚国，再之后是秦武王时期的“青川木牍”（图 11）。青川木牍的正面有“二年”的字样，记载了秦王命丞相修整《为田律》以及其他事项。木牍反面是后来补记的事项，有“四年”的字样。青川木牍很好地体现了篆书隶变的初级成果。在木牍上的文字中，一部分是明显的篆书，而另外一部分则已经转变为隶书，不过大部分字还处于篆书向隶书转变的过程中。这样的转变主要表现在几个方面。

篆书的特点之一是曲笔多，有一种攀附环绕的感觉，但是到了木牍上，文字开始简化，曲线变少，直线变多，而这都是后来隶书的特征；篆书的字

【图 12】 武威仪礼简

体特征是狭长，呈长方形，但是到了木牍上的文字，已经开始逐渐收缩，变为正方形或者扁形，这可能与简牍这种特殊的书写材料有关；笔画与笔画之间的连接更自然，合乎律动，这样的改变使文字写起来更加流畅，还成为后来草书出现的必备条件。

伴随着当时的简牍不断被发现，篆书向隶书的转变也更加明显。1975年，在湖北省云梦县的秦墓中出土了1100多枚竹简，绝大部分保存完好。1986年，甘肃天水放马滩的秦墓一号墓出土了460枚秦简。

在这些秦简中，篆书更明显地向隶书转变，书写已经不再是篆书秉承的那种端正持重，开始大量出现字体倾斜，显现出当时书写者的漫不经心，也体现出了人们对于一种更实用的文字的追求。隶书的出现正是人们为了更实用更方便而删繁就简创作出来的字体。此时很多的笔画习惯已经具有了后来隶书的典型特征，比如一个字的第一笔往往下笔很重，而最后一笔则收笔很轻。

秦朝之后的两汉年间，篆书继续向隶书转变，最终演化为成熟的隶书，这一点在大量出土的汉简中足以得见，如著名的武威仪礼简（图12）、居延汉简、始建国木牍，等等。

隶书

传说隶书是一个叫程邈的罪犯发明的，他因得罪了秦始皇，被关在狱中，无事可做，为了加快简牍文件的处理而发展创新了隶书这种字体，他把这些改革后的字呈送给秦始皇，得到了秦始皇的赏识，从而使隶书颁行天下。

隶书最明显的特征是字体变得扁平，其次是波磔的使用。波磔，也叫“横波磔”，其用笔是逆入、下蹲后转笔往上右行，徐徐提笔到笔画中间后，又徐徐下按，至收笔向下按顿，然后转笔往上挑出，如同燕尾，所以也叫“蚕头燕尾”。但是波磔笔在一个字中只有一笔，即使一个字有许多横画，也只能有一笔，这就是通常所说的“燕无双飞”。

鴨頭丸故不佳明當必

集當與君相見

天曆三年正月十二日

勑賜柯九思 侍書學士臣虞集奉

勑記

第二章

线条律动，字体的视觉盛宴

（前 206—581 年）

从汉代到六朝，是汉字和书法发展史上非常关键的时期。秦代出现的隶书在这一时期发展成熟。同样出于高效书写的目的，隶书草化，演化出了草书。东汉末年，行书和楷书也都产生萌芽。至此，中国书法的五种字体已经完备。

【图 13】 《熹平石经》（墨拓本局部）

刻隶于碑，融美于石

气势恢宏《熹平石经》

蔡邕，字伯喈，陈留圉（今河南省开封市杞县）人，东汉文学家、书法家，还擅长天文、算术，精通音律，博学多才。作为书法家的蔡邕，擅长篆书和隶书，其中隶书造诣最高。

蔡邕的《熹平石经》（图 13）是汉代隶书最高水平的体现。当时还没有印刷术，所有学子的课本都得抄写，工作量大不说，传抄过程中还常常出错。到了东汉后期，儒家经典在传抄过程中出现的错误已经十分严重。熹平四年，汉灵帝下令让蔡邕等大学者校订《尚书》《周易》《春秋公羊传》《礼记》《论语》等五部经书。校订完之后，蔡邕亲自书写，并让人将其刻在碑上，共计刻了 46 块碑。这些石碑被立在洛阳太学讲堂门外，据说每天前来临摹的人摩肩接踵，光是赶来的马车就超过千辆。可惜到了汉末，《熹平石经》便因为战火被损坏，南北朝时石碑碎裂，到唐代已经完全消失。宋代以后，偶尔会出土一些带碑文的残石，让人得以窥见当年蔡邕的书法技艺，以及汉代最高的隶书成就。这些残碑中比较出名的要数洛阳出土的《周易》残石，这块残石两边各书写了一段《周易》，字数共计 400 多个，价值极高，现存放在西安碑林。

《熹平石经》被誉为两汉隶书水平的顶点，后世凡是练习隶书的人，都绕

【图14】 《熹平石经》残石

不开临摹蔡邕的字。元代的郑杓在《衍极》中写道：“蔡邕鸿都《石经》，为今古不刊之典，张芝、钟繇，咸得其道。”张怀瓘更是夸奖道：“谁敢比肩？”

《熹平石经》（图 14）上的隶书是非常典型的官方书体，严谨均匀，稳重得体，运笔凝练，透着一股雄劲。布局上匀称整齐，一副大国气派。《熹平石经》对后世隶书的发展影响很大，尤其是唐代的隶书，但它有自己的缺陷。因为被定为标准，所以字里行间多体现出一种循规蹈矩，少了一点自然生动的气息。

蔡邕作为一个书法家，贡献不仅在于写出了《熹平石经》这样传世的作品，还有很多别的方面。比如，他创立了书法中的“飞白书”，至今仍被人使用。据说当时蔡邕为皇上写好了文章，在鸿都门外等待召见，此时他看到几个工匠正在用石灰水刷墙。工匠用沾满石灰水的扫帚在墙上涂抹，但是因为扫帚苗太稀，墙上留下的白色粗线条中隐约露出一丝丝墙皮的颜色。蔡邕深受启发，经过多次试验，最终将这种效果体现在了书法上。人们因为笔画中的缕缕白条，将这种书写方法称作“飞白书”。张怀瓘曾经夸奖这种书写方法说：“飞白妙有绝伦，动合神功。”

蔡邕还是位书法理论家，单是传世的著作就包括《篆势》《笔赋》《笔论》《九势》等，尤其是《笔论》和《九势》在中国书法史上占有重要地位。《笔论》中提出了书法艺术的本质是什么，表现的是一种什么样的情怀，以及作为一个书法家，应该以什么样的心态去创作。《九势》中则阐述了书法之所以美是因为美在哪，汉字的结构中蕴含着怎样的美，怎样运笔将汉字中的生动美感体现出来。蔡邕的这些书法理论对于后世书法发展影响深远，成为中国书法发展的理论基础。

以拙为美：开通褒斜道刻石

开通褒斜道刻石（图 15）全称“汉鄐君开通褒斜道刻石”，也被称为“大开通”，是著名的东汉隶书摩崖刻石，刻于东汉永平年间，是现在存世的

【图 15】 开通褒斜道刻石（墨拓本局部）

东汉摩崖刻石中最早的一处。

这处刻石位于陕西省褒成县北石门溪谷道中，刻文中记载了汉中太守郡鄐君奉旨修治阁道的事情。这是一项庞大的工程，前后共计耗时三年，用工七十多万人，在长达将近二百六十里（1 里 = 0.5 千米）长的山谷中重新架设新的阁道。因为工程艰难，所以人们在事成之后用刻石的方式记载了这位太守郡的丰功伟绩，对他进行歌颂。这处刻石因为地处偏僻，长年被人遗忘，不为人所知，直到南宋绍熙末年，才被南郑令晏袤发现，并在一旁刻下了释文。可惜之后这处石刻再次被荒草掩盖，无人问津。又过了六百年，陕西巡抚毕沅重新将其发现，毕沅本身是一位金石学家，知道这些文字的重要性，这处石刻得以重见天日。1967 年，因为当地要修水库，这处石刻便被挪到了汉中博物馆中。开通褒斜道刻石呈不规则的四边形，左边宽，右边窄，上边沿平直，下边沿倾斜，长 272 厘米，高 142 厘米，上面刻有 16 行文字，每行最少的只有 5 个字，多的也不过 11 个字。

开通褒斜道刻石是汉代摩崖刻石的代表作，从书法的角度上讲，它的主要特点有：

碑文虽然是隶书，但是有明显的篆书痕迹，是篆书向隶书过渡的明证。

关于这一点，康有为曾经在《广艺舟双楫》中评价道：“变圆为方，削繁为简，遂成汉分，而秦分笔未亡。”方朔也点评说：“玩其体势，意在以篆变隶之日，浑朴苍劲。”

笔法细腻，直线为主，转折多为方角，线条虽细，但是力道十足。结体上略微夸张，有的字故意写得饱满浑厚，有的则故意变得不协调，但是当作为一种整体风格出现的时候，这种通过疏密和差异体现出来的夸张便成了一种别的作品中见不到的气势。关于这一点，清代杨守敬在《激素飞清阁评碑记》中评价道：“按其字体，长短广狭，参差不齐，天然古秀若石纹然。百代而下，无不摹拟，此之谓神品。”

布局上讲，开通褒斜道刻石和别的作品不一样，它上面的字排列紧密，但是不会让人觉得压抑，横竖大量使用，不像别的地方忌讳重复出现同样的笔画，以免造成繁复的感觉。大量的横竖笔画，加上一些简短和倾斜的笔画，让这幅作品传递出一种其他作品没法达到的气势。

此外，这幅作品有自己的特殊优势，它本身是刻在山石上的摩崖石刻，可能刻工不如一些碑文，笔画也不如在纸上流畅，但是当一个人在群山之中抬头去仰望这幅作品的时候，那种结合了自然的淳朴和震撼是一般碑文和其他载体的书法作品无法比拟的。

到东汉中期，隶书已经发展成熟，并开始出现歌功颂德的石刻，开通褒斜道刻石便是其中最早的作品之一。当时的石刻主要集中在陕西、河南和山东一带，陕西和河南是中原文化的所在地，同时是政治中心，本身文化氛围便十分浓厚；而山东作为孔孟之乡，文化基础自然领先于别的地方。尤其是自秦始皇东巡，到泰山祭拜之后，统治者们也都把山东当作宝地，顺应产生了大量的刻石作品。拿开通褒斜道刻石的所在地汉中来讲，其他有名的刻石还有《石门颂》等，不过都没有开通褒斜道刻石有名气。

当时的刻石作品没有留下作者名字的习惯，无法考证出自谁之手，但这并不影响这些作品的伟大。而我们可以据此大胆推测，当时的书法水平已经普遍很高。

【图 16】 《礼器碑》（墨拓本局部）

汉隶第一《礼器碑》

《礼器碑》(图16)全称《汉鲁相韩敕造孔庙礼器碑》，也被称为《韩敕碑》。此碑于156年，即汉桓帝永寿二年被立于山东曲阜的孔庙内。碑的阳面内容主要是赞扬鲁相韩敕整修孔庙、制作礼器，阴面和侧面刻的是为这次整修提供资助的官吏姓名和捐款数额。当时社会推崇儒学，所以人们对于整修孔庙看得十分重要，并立碑歌颂，也就有了《礼器碑》。

《礼器碑》阳面有文字16行，每行36字；阴面有字3列，每列17行；两侧分别有字3列和4列，每列都是4行。《礼器碑》历经千年而能完整保存，实在难得，为人们了解当时隶书的成就提供了一份珍贵资料。

历代文人和书法家对《礼器碑》赞赏有加，明代郭宗昌在《金石史》中评价《礼器碑》，说："当以《韩敕修礼器碑》为第一。""其用笔结体，元妙入微，当得之神助，弗由人造。"清代王澍赞扬《礼器碑》："往往于无意之中，触处生妙。""虽不作意，而功益奇。""此碑无意于变，只是熟故。若未熟便有意求变，所以数便辄穷。"

碑

碑即竖立在地上的石头。碑在发展过程中主要出现过三个功用：一是设在皇宫、庙门口，用来观测日影；二是用来拴祭祀用的牲口；三是竖在墓穴边，"施鹿卢以绳被其上，引以下棺也"。起初碑是没有文字的，后来臣子为了追述君父的功劳，将其事迹刻于碑上，这一习惯被沿袭下来，遂成碑文。

碑由基座和碑身两部分组成。基座被称为"趺"。碑身上部有"题额"，这也是匾额的雏形。碑的最上部有浅槽，名"晕"，开有圆孔，名为"穿"。如果不具备这些特点，就不能称之为"碑"，而是刻石。

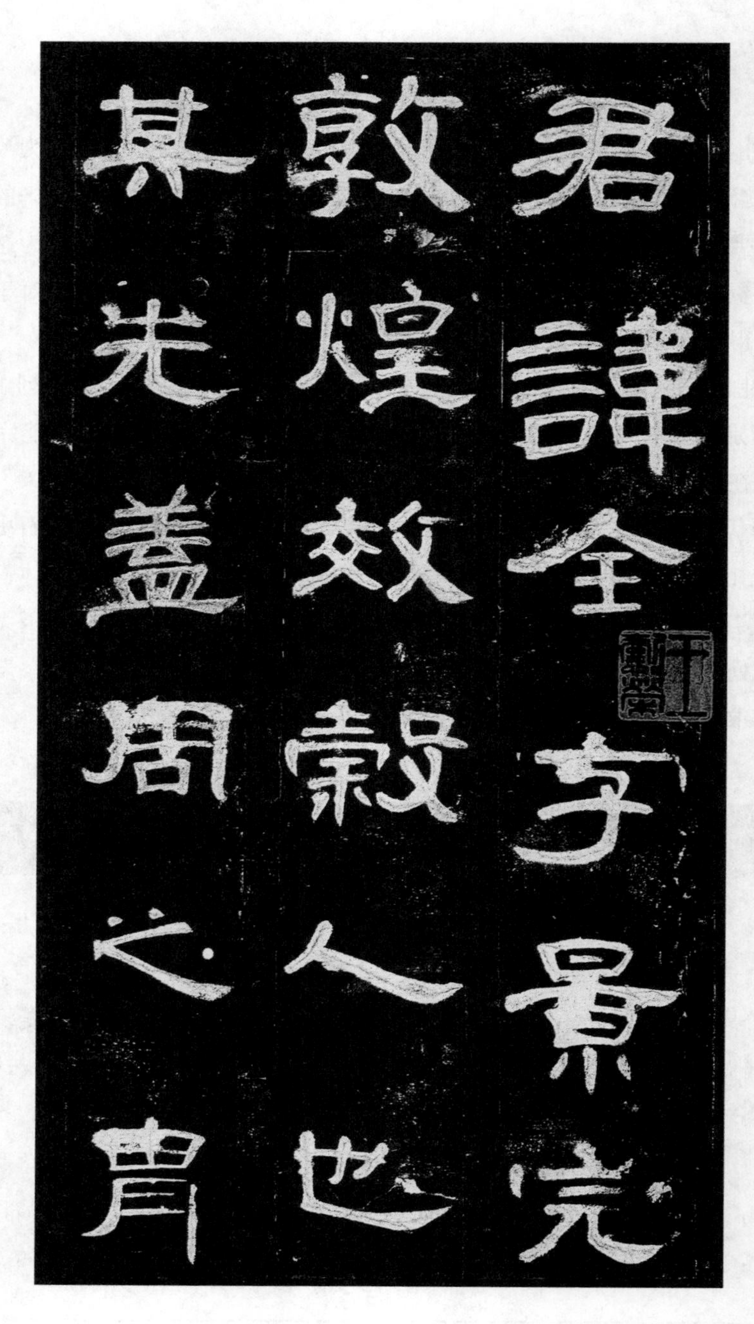

【图 17】 《曹全碑》（墨拓本局部）

秀丽典雅《曹全碑》

曹全碑全称“汉郃阳令曹全碑”，立于185年，即东汉中平二年。明代万历初年出土于陕西郃阳城，出土时保存完整，一字不缺；到了清代康熙年间，石碑断裂，出现微损，但整体仍旧是汉碑中保存比较完整的；现存放于西安碑林。曹全碑为长方形，阴阳两面都有刻字。阳面有20行隶书，每行45字，阴面有5列刻字，每列字数不一。《曹全碑》是东汉隶书最兴盛时期的作品，代表性极高，现在故宫博物院中藏有明代的《曹全碑》拓本（图17），是所有现存《曹全碑》拓本中较好的拓本。

《曹全碑》的整体风格秀丽典雅。

首先，用笔圆润，但不乏灵性。碑文中多用圆笔，有篆书的特征，所以笔画虽瘦，却让人感觉字体丰腴、媚而不俗、清新典雅。同当时很多别的碑文相比较，《曹全碑》中在转笔的时候，多会重新下笔，这样更显得字体圆润，并且书写的时候尽量只用笔尖，使得字体笔画较细，但是柔中带刚、典雅端庄。

其次，碑文中的字体略扁，笔画中的撇和捺一般会拖得很长，左右伸出的笔画如同河岸杨柳，摇曳生姿，别有一番自由和潇洒的韵味。不过这样的改变并不影响字体的均匀，反而显出了一种随意中带着雍容的姿态，让人赞叹不已。

再次，《曹全碑》布局疏朗，字与字之间距离要比一般碑文开阔，又不会太过稀疏，匀称和谐，字字珠玑，使人流连忘返。

《曹全碑》的碑文在书法艺术上给我们带来了极大的享受，同时它里面透露出来的那种含而不露、张扬又低调的风格，正是中国人崇尚的“中和”精神。有动有静，有开有合，有紧有松，刚柔并济，媚而不俗，张弛有度。正是因为如此，《曹全碑》被后世称为神品。

拓片

拓片就是从碑刻、骨刻、砖雕、瓦雕、石像、铜器等文物上拓印下其形状、文字、图案、画面的纸。拓片有广义和狭义之分。狭义上的拓片主要是指碑拓的拓片。拓片的方法简单说就是用纸紧紧覆盖在碑上，然后用墨或其他颜色反复打击纸面，直到纸上显现出完整的文字、图形。按用墨分，拓片可分为墨拓、朱拓。按拓法分，可分乌金拓、蝉翼拓。拓本是拓片的合集。最早的拓本实物出现在唐代。

苍劲古朴《张迁碑》

《张迁碑》(图18)全称《汉故榖城长荡阴令张君表颂》，也被称为《张迁表颂》。张迁，字公方，陈留己吾（今河南宁陵）人，曾任荡阴(今河南汤阴县）令。他死后，故吏韦萌等人为了追念他的功德，于东汉中平三年，即186年立起了这块碑。这块碑最初被立在山东东平县，后挪至山东泰安岱庙，一直存放至今，是汉碑中保存较好的一块。张迁碑的碑额上有12个篆体字标题，正文则是用隶书写成。碑的阳面有15行碑文，每行42字；阴面有3列，上面2列各有19行，下面一列只有3行。

汉代隶书已经比较成熟，风格和发展方向也大致统一，文字越来越秀丽端庄，比如著名的《熹平石经》便以端庄著称，《礼器碑》《曹全碑》等秀丽典雅，越来越有谦谦君子的风范。而此时出现的《张迁碑》却剑走偏锋，与众不同，它在隶书的发展潮流中返璞归真，选择了粗犷豪放、拙朴古雅的表现手法，自成一家。

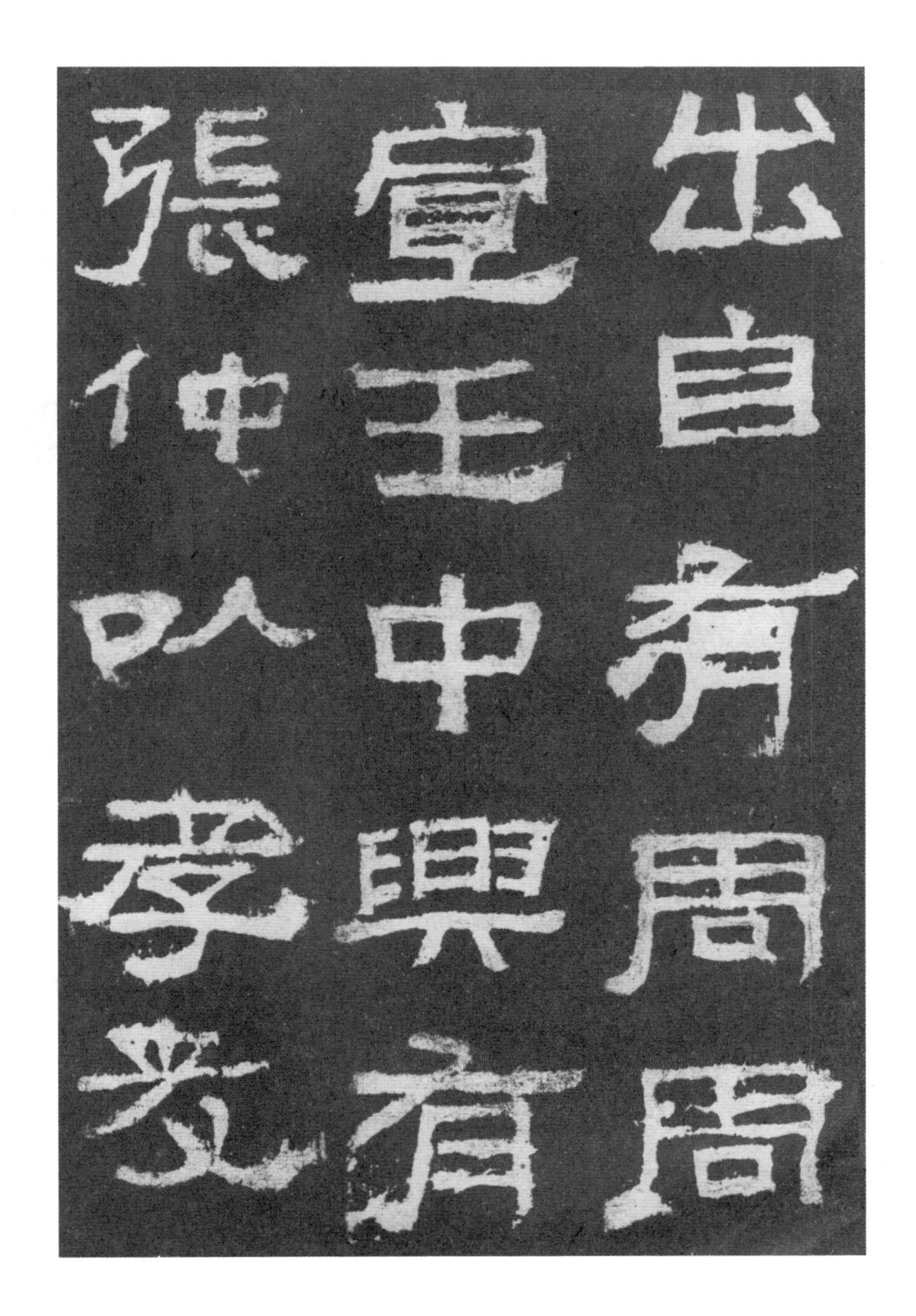

【图 18】　《张迁碑》（墨拓本局部）

通过张迁碑，我们还能了解到当时文字和书法的发展情况。张迁碑出自民间，不是国家帝王意志的产物，也不是出自什么名家之手，多了几分草根气息，甚至里面有的字还写错了，如“暨”一字刻成了“既”和“且”两个字。出自民间更能反映当时真实的文字变革，在《张迁碑》中我们看到一些字的偏旁部首已经是明显的楷书写法，而碑文中的隶书也都透着一股楷书的气韵。《张迁碑》是隶书向楷书演化的有力证明。

刻法

写字有书法，刻字就有刻法。在古代，石碑上的字通常都是书写在纸上后，再由石匠刻上去。刻碑最忌讳失真，而石匠通常不懂书法，甚至目不识丁。如何解决这一难题呢？方法有很多，最令人拍案叫绝的是一种叫“熏灯影”的方法。

首先，把字帖上的字用刀一个个挖下来，其次把去掉字的纸铺在石碑上，用油灯的烟来熏。这样油灯产生的黑烟很快就会在石碑上将缺失的字原汁原味地印出来，从而保证石匠刻出来的字和原字完全吻合。更神奇的是，通过调节油灯与去掉字的字帖、石碑间的距离，还能放大或者缩小字，以适应在不同大小的石碑上刻字的要求。这种方法十分高效便捷，即便到了今天，很多地方仍然在沿用。

南碑瑰宝《爨宝子碑》

《爨宝子碑》(图 19）全称《晋故振威将军建宁太守爨府君之碑》，立于 405 年，即东晋义熙元年。碑呈长方形，碑首为半椭圆，高约 1.9 米，宽约

【图 19】　爨宝子碑（局部）

0.7 米。碑额题衔 5 行，每行 3 字；碑文 13 行，每行字数不等；碑下端列职官题名 13 行，每行 4 字。全碑共 400 余字，除题名末行最下面一个字残缺外，碑文完整，十分清晰。碑左下方刻有清咸丰二年七月曲靖知府邓尔恒作的跋，记录了这块碑的出土及安置经历。《爨宝子碑》与同时期的《爨龙颜碑》并称“二爨”，但是由于尺寸小、字数少，加上碑的主人去世时年龄小，所以《爨宝子碑》又被称为“小爨”。

爨宝子碑埋在地下一千多年之后，于 1778 年在曲靖县城南 70 里的杨旗田被当地农民在耕地时发现。起初，没人知道这块石碑的价值，结果被一位村民搬回了家，用来做压豆腐的石板。这一用就是七十多年。1852 年，即咸丰二年，当时的曲靖知府邓尔恒一次偶然发现豆腐上竟然有字迹，并且十分清晰。他试着辨认了几个字，结果发现这正是千百年间只在书上记载过的爨宝子碑。邓尔恒十分激动，赶紧找来厨师，询问豆腐的出处，又带人赶到杨旗田，找到那位卖豆腐的人，见到了这块石碑。他当即派人将石碑用车子拉回曲靖府衙，其后又置于城中武侯祠。但是这块石碑注定命运多舛，在民国年间，军阀混战，被誉为“南碑瑰宝”的爨宝子碑竟然被军队挖去筑工事。幸好当时有个叫张士元的人冒着生命危险将石碑搬回家。十年后，爨宝子碑被移入曲靖第一中学的爨碑亭存放，直到现在。

很多人会有疑问，东晋时期云南在少数民族的统治之下，经济文化落后，地理上也偏居一隅，怎么会有成熟的汉字刻碑出现？其实当地虽然荒蛮，但与汉人打交道已久，这块碑的碑主所在家族是当地的大姓，往上可以追溯到爨习，当年诸葛亮南征时便与其打过交道，将其降服，是当时的俊杰。爨习后来为蜀国效力，官至领军。这个家族还出过为魏国效力的爨肃、为北魏效力的爨云，而碑主爨宝子在东晋为官，担任建宁太守。由此可见，曲靖虽然地处偏远，但是这里的人已经深受汉文化熏染，其中便包括汉字书法。放在这样的历史背景中来看，我们能更深刻地理解《爨宝子碑》在书法艺术上展现出来的奇异魅力。

之所以说《爨宝子碑》魅力奇异，是因为它的字体半楷半隶，这样的风格在其他任何作品中都见不到。笔画中的横笔是明显的隶书，而端正的字体又是明显的楷书，从单个字的结构来看，偏旁和点画腾挪变动，疏密不一，参差不齐，看似毫无章法，像是出自顽童之手，但这种像是开玩笑一样的组合却产生了一种奇趣的效果，让严谨和趣味结合到一起，前无古人，后无来者，难怪会被称为“南碑瑰宝”。

魏晋南北朝处于中国书法史上的变革时期，多种字体在这段时期内发展、成熟，不同字体在这段时间内演变，比如隶书向楷书的演变。正是在这样的历史背景下，加上偏远少数民族地区书家的别具一格、大胆想象，共同造就了《爨宝子碑》这样的书法史上的另类精品。

出身“草根”的魏碑

南北朝时期，书风豪放，气度非凡。只可惜南朝继承了两晋的制度，禁止立碑，所以我们也就很难欣赏到那时的书法风采。而北朝则盛行立碑，留下了大量的碑刻，石碑、墓志铭、摩崖石刻等等，形式多样，内容丰富。北朝的刻碑中以北魏书法成就最高，数量也最多，所以人们又将当时的书法称为“魏碑（体）”。

每个时代书法的特征与当时的社会风气息息相关，魏碑也不例外。北魏书体风格独特，它继承了汉代隶书的笔法特点，结体严谨，下笔厚重，沉稳刚健，雄姿挺拔。因为当时正处于文字变革时期，魏碑中既有隶书的痕迹，也有楷书的风格，初看似乎很不成熟，下笔粗犷，但别有一番豪放之意，这也正是魏碑的魅力所在。

西晋南迁后，北方各少数民族纷纷建立起自己的国家，一时间北方小国并立，征战连年。此时，魏道武帝雄才大略，统一北方诸国，建立起北朝，少数民族进入中原后，逐渐被汉化。这种现象到了北魏时期更加明显，到了魏孝文帝时达到顶峰。当时汉人注重厚葬，这一点也被北魏效仿，大肆刻碑，追叙死者的生平和功绩，以示纪念。就这样，刻碑一下子兴盛起来。此外北魏时期佛教已经十分兴盛，以佛经为内容的摩崖石刻、刻碑等也大量涌现，进一步促进了魏碑的繁荣。

魏碑虽然兴盛，但直到清代中后期才被人赏识，中间近千年的时间一直默默无闻，其中既有种种机缘巧合，但更重要的还是书法审美的流变。自古以来，中国推崇“中和”之美，不喜欢夸张和过分偏激的事物，这导致魏碑的古拙成了被赏识的障碍——人们认为它过分锋利硬朗，像是刀斧砍出来一般。直到清代乾嘉之后，考据学兴起，人们才开始留意北魏的刻碑、摩崖石刻、墓志等物；此时很多书法家也开始突破千百年来无形的束缚，不再以“二王”为最高标准，而是从“二王”之外的其他碑刻、摩崖、墓志、钟鼎等古物中汲取古老的养分，寻求新的灵感；书法审美上讲，古拙不再是缺点，而是渐渐得到人们赏识，明末清初的傅山便提出“宁拙毋巧，宁丑毋媚，宁

【图 20】　《张猛龙碑》（墨拓本局部）

支离毋轻滑，宁真率毋安排。”这段话已经被后人公认为欣赏书法的标准。在这样一个思潮之下，魏碑像是打了个翻身仗一样，一下子跳到了人们面前，以古拙朴素、浑厚雄劲的风格极大地丰富了书法艺术。

魏碑中有不少精品，最能代表那个时代书法特点的要数《张猛龙碑》和《石门铭》，两者风格不一，前者为碑刻，后者为摩崖石刻；前者内敛有张力，后者不羁又不失灵气；前者更像楷书，而后者更像篆隶，两者充分体现出了魏碑的风格跨度。

《张猛龙碑》（图 20）全称《鲁郡太守张府君清颂碑》。碑的正面记载了魏鲁郡太守张猛龙兴办学校的功绩，背面刻的是立碑官吏的姓名，现在碑石在山东曲阜孔庙中。历代名家对此碑推崇备至，康有为在《广艺舟双楫》中将《张猛龙碑》列为“精品上”，并称“《张猛龙》如周公制礼，事事皆美善”。

《张猛龙碑》被誉为“魏碑第一”，在书法史上评价颇高，清代杨守敬曾评说“书法潇洒古淡，奇正相生，六代所以高出唐人者以此”。康有为则称赞道：“结构精绝，变化无端。”

《石门铭》全名《泰山羊祉开复石门铭》。刻石原本位于陕西汉中石门东壁南边，现存汉中博物馆。《石门铭》方圆兼备，既有篆书、隶书的痕迹，也有楷书的痕迹，端正飘逸，别具一格。康有为评价《石门铭》：“若瑶岛散仙，骖鸾跨鹤。”并将其列为神品。

因为是摩崖石刻，历经了千年风吹雨打，所以这为《石门铭》平添了几分古朴和温和之美。这处摩崖石刻所在的地方还有很多汉碑，如著名的《石门颂》《杨淮表记》等，风格上讲，《石门铭》受它们影响很深。梁启超在《碑帖跋》中写道：“《石门铭》笔意多与《石门颂》相近，彼以草作隶，此以草作楷，皆逸品也。”

魏碑无论从载体还是字体上讲，都丰富多彩，所以很难用一件或者几件作品去代表。除了《张猛龙碑》和《石门铭》，魏碑的代表作还有很多，如龙门石窟中 20 尊造像的题记拓本合称为《龙门二十品》，也是北魏书风的代表作，其中最具特色的是《始平公造像记》（图 21）。此碑与别的碑不同，全部用阳刻法刻出，笔画转折处重视停顿，锋芒毕露，通篇雄峻非凡。《泰山金刚

【图 21】 《始平公造像记》（墨拓本）

经》也被称为《经石峪》，位于山东泰安，刻在一处小瀑布下的大块平整山石上，被发现的时候已经存在千年了。经整理，共发现 1067 个字，字的大小由一尺两寸到一尺八寸不等，被誉为“大字鼻祖”“榜书之宗”，康有为评价其为“榜书第一”。

碑学与帖学

碑，是指用刀刻在石头上的文字，通常由处于社会底层、文化水平不高的工匠制作。帖，是指用毛笔写在纸帛上的文字，是由书法名家书写。碑学与帖学本是汉字书法的两种呈现方式，但魏晋以后，二者却走上了截然不同的发展道路。直到清代“金石派”崛起之前，以“二王”为学习样板的帖学一直是中国书法界的主流。清代一改往日帖学重于模仿，缺乏创新的弊端，转向从“金石”入手，从碑文中寻找创作灵感。这一传统一直延续到了民国初年的吴昌硕、齐白石等书法大家。

张芝：草书集大成者

东汉时，草书发展迅速，人们更重视笔画的流畅和律动，以及相邻字之间气韵的传递和衔接。这时出现了书法史上的一位大家，也就是东汉草书的集大成者张芝。

张芝，字伯英，敦煌人，自幼喜欢书法，刻苦练习，篆书、隶书、章草都很擅长，最终他集众家之所长，开拓创新，在章草的基础上创立了今草（图22）。唐代张怀瓘在《书断》中评价张芝："学崔、杜之法，温故知新，因而变之，以成今草，转精其妙。"

今草最大的特点在于，字与字之间不再是独立的，而可以连笔一起写出来。这个在今天看来已经习以为常的事实，在当初却是具有开创性的，从来没有人这样做过。一旦突破了字与字之间的这层关系，书法的艺术性就大增，后来的狂草也是完全建立在连笔的基础之上的。此外，今草与章草相比，隶书的痕迹已经基本没有，更讲究行笔的流畅和传递出的气韵，将笔画中蕴含的律动感更充分地表现出来。张怀瓘在《书断》中夸奖张芝的今草，写道："字之体势，一笔而成，偶有不连，而血脉不断，及其连者，气脉通于隔行。""如流水速，拔茅连茹，上下牵连，或借上字之下而为下字之上，奇形离合，数意兼包，若悬猿饮涧之象，钩锁连环之状，神化自若，变态不穷。"

今草一经面世，立即在社会上引起轰动，得到了广泛的赞誉，甚至在文人阶层掀起了一股草书热潮，一时间学习草书变成一件时髦的事情。张芝

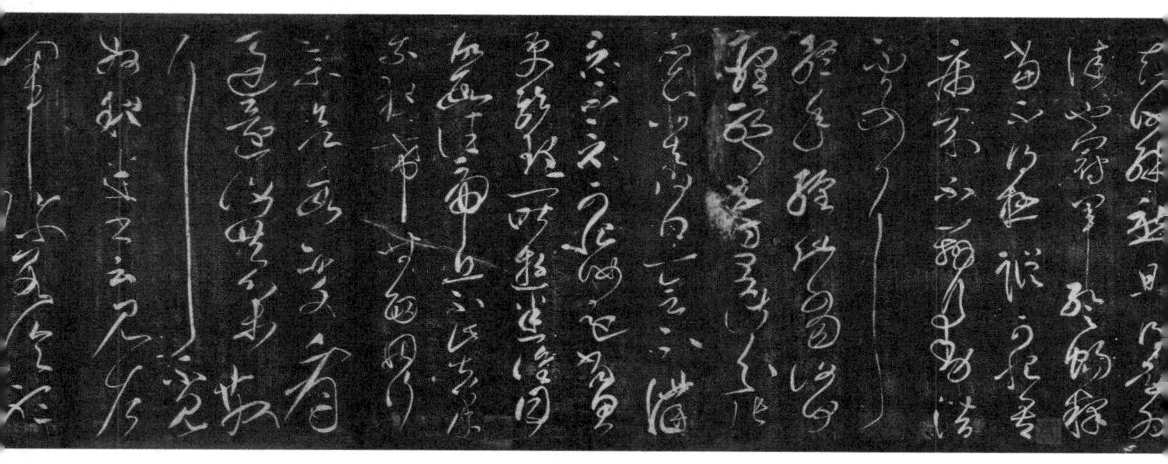

【图 22】　［东汉］张芝《冠军帖》（墨拓本）

更是不惜放弃仕途，将全部精力投入草书，这一点也引得很多当时的文人效仿。和张芝同时代的赵壹这样描述当时人们学习草书的热情："忘其疲劳，夕惕不息，仄不暇食。十日一笔，月数丸墨，领袖如皂，唇齿常黑。虽处众座，不遑谈戏，展指画地，以草刿壁，臂穿皮刮，指爪摧折，见鰓出血，犹不休辍。"

能够产生这样的效应，究其根本，一是草书尤其是今草本身的艺术魅力，二是当时社会大环境的作用。东汉末期，社会动荡加剧，人们在痛恨统治黑暗的同时，越来越反感为统治服务的儒家学说，想要打破禁锢，于是人们着迷于草书中表现出的自由。

人们对今草的狂热追求与当时的正统思想是相违背的，很多士大夫纷纷出面批评草书是没用的东西，沉迷其中更是不务正业。这些批评的人当中，最出名的要数赵壹，他还特意写了一篇《非草书》来批评那些狂热学习草书的年轻人。而这篇《非草书》成了中国书法史上第一篇书法论文，也算是具有开创性。赵壹的这种守旧观念虽然代表了很多人的想法，但是不能阻止草书的发展。草书继续在各阶层中被狂热追捧，一直名家辈出，经久不衰。

关于张芝，后人推崇他为“草圣”，但是关于他的争议也一直没有中断过。张芝没有明确的作品传世，很多作品挂在他的名下，但真伪存疑，唯一可信度较高的作品还不是用今草写成的，而是章草，这就让人怀疑今草到底是不是他创立的。

毛笔

毛笔作为中国特有的书写工具，至少已有五千年的历史。先秦以前，笔没有统一的称呼，比如楚国称其为“聿”，燕国称其为“拂”，而秦国称其为“笔”。“笔”从字形看，就是竹子下方插上毛。

1954 年，湖南长沙左家公山战国时期古墓中出土了我国迄今最早的毛笔。这支笔笔杆用竹子制作，笔头用的是兔毛，笔头安插在笔杆末端，同今天的毛笔没有多大区别。

毛笔有多种分类。按照笔毫的软硬，毛笔分为硬毫、软毫和兼毫；按照笔锋的长短，毛笔分为长锋、中锋和短锋；按照尺寸，毛笔又分为大中小三类；按笔头原料，毛笔又可分兔毫、羊毫、狼毫等。

字因人传《平复帖》

陆机，字士衡，吴郡华亭人，出生于官宦世家。他的祖父陆逊曾任三国时东吴的丞相，他的父亲陆抗曾任大司马，而他也曾官至平原内史，后人称他为“陆平原”。东吴灭亡之后，陆机回到老家，闭门苦读十年，成为著名的文学家和文艺理论家，被同弟弟陆云合称为文坛“二陆”。他的文艺理论著作《文赋》在中国文学批评史上地位显著。陆机还是位大书法家，擅长行书、章草和今草，代表作是《平复帖》(图 23)。

《平复帖》高 23.7 厘米，宽 20.6 厘米，全帖共 9 行，86 字。此帖是陆机写给朋友的一封信札，因为里面有“恐难平复”一句，因此得名。此帖卷前题有一行小字：“原内史吴郡陆机士衡书”，表明了此帖的作者身份。根据帖上的题跋，我们可以得知它的流传史。宋代入宣和内府，明代万历年间被韩世能、韩逢禧父子珍藏，后来又到了张丑手中。清代初期，先后经过葛君常、王济、冯铨、梁清标、安岐等人之手，被乾隆收入皇宫，之后又赐给了皇十一子成亲王。光绪年间，此帖归恭亲王所有，并传给了他的孙子溥伟、溥儒。溥儒为筹集亲丧费用，将此帖出售，被张伯驹重金购得。《平复帖》被张氏夫妇于 1956 年捐献给国家，现藏于北京故宫博物院。

《平复帖》因为年代久远，一些字已经模糊不清，无从辨别，但我们仍旧能窥见这幅书法作品的风采。墨色的浓淡变换，像是用秃笔在粗糙的麻纸上所为，圆浑的笔画间，夹杂着一股古朴沧桑的气韵，整体上看像是章草，但

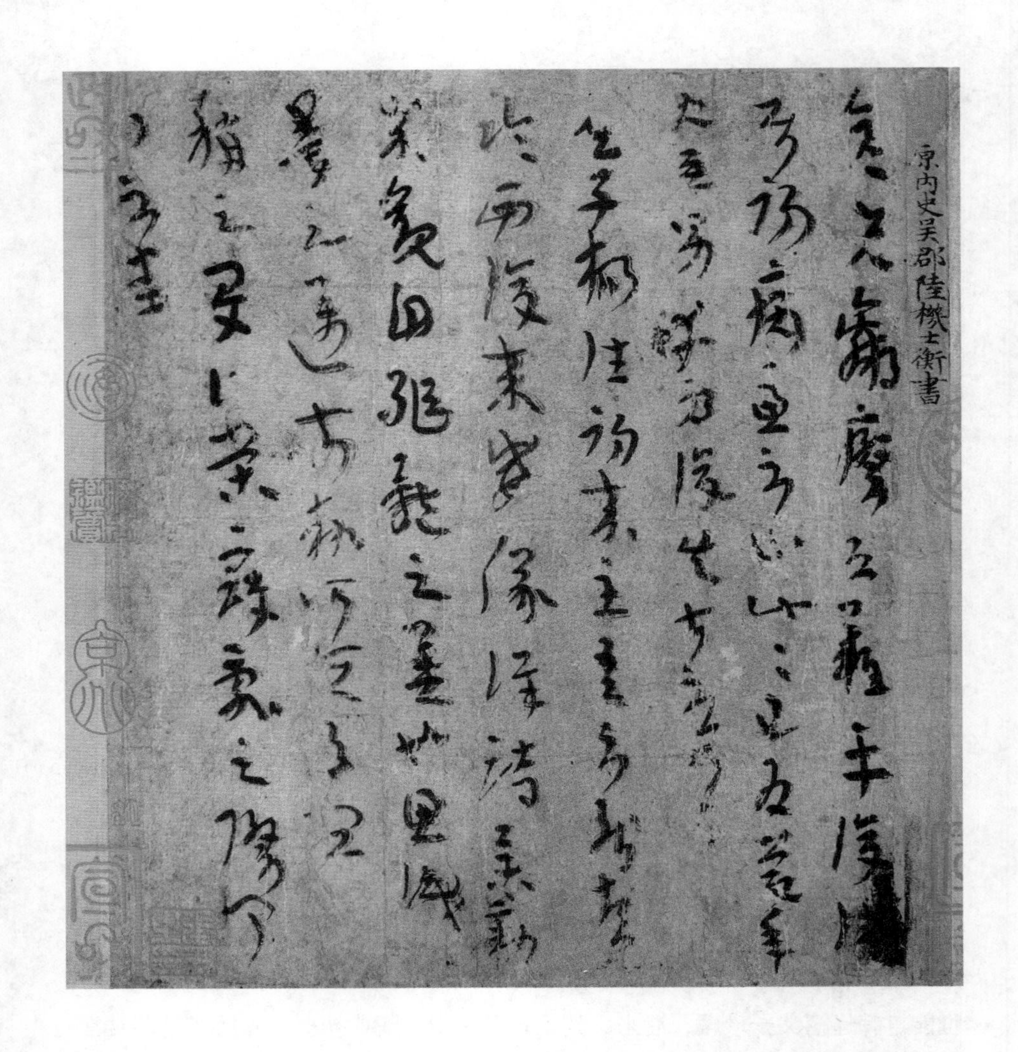

【图 23】　［西晋］陆机《平复帖》（墨迹纸本）

又有今草的痕迹，别有一番韵味。

笔法上讲，横向的笔画平直、短粗，向右上方倾斜；纵向的笔画偏长，多有背向右边的弧形；撇没有固定的角度，变化多端；捺多横出；笔画之间的连续比之前的草书作品笔法高超，笔画间的连接、过渡、转折挥洒自如。

结体上讲，《平复帖》结构多变，有的字偏长，有的字偏方，有的字偏扁，还有的字呈三角形等，但是整体上看，字体稍微向左倾斜，右高左低；虽然看似不端正，但是整体上却营造出了一种稳定的效果，非常有趣。

布局上讲，《平复帖》字间距偏大，而行间距比字间距还要大，字帖上端平齐，而每一行长短不一。布局留白较多，看似疏朗，又别有一番灵气流淌在其间。字与字之间并不相连，但提笔和收笔的时候相互照应，顾盼生姿，有一股含蓄美。

《平复帖》是章草向今草过渡时期的作品，无论从用笔、结体还是布局上，都表现出了这一点。比如章草有个明显的特点，一个字最后一笔往往会尾端上挑，而在《平复帖》中已经基本见不到这种笔法。从《敦煌汉简》中所见的西汉章草，以及《居延汉简》中所见的东汉章草中，我们都可以发现章草向今草发展的痕迹，其中一些在笔势上已经表现得非常明显。到了魏晋时期，民间的文书手札中，介于章草和今草的用法更是常见，这一点从楼兰出土的魏晋时期的木简中便可得知。所以说，陆机的《平复帖》是当时草书潮流的代表作，并非偶然天成，而是有着充分的时代条件和社会背景的。

《平复帖》因为字迹难辨，所以临摹者少，欣赏者多，历史上很多文人墨客留下了对这幅作品的点评，以表达自己的喜爱之情。明代詹景凤评价：“陆士衡《平复帖》以秃笔作稿草，笔精而法古雅。”明代张丑评价：“然笔法圆浑，正如太羹玄酒，断非中古人所能下手。”清代杨守敬评价《平复帖》：“系秃颖劲毫所书，无一笔姿媚气，亦无一笔粗犷气，所以为高。”当代书法家启功先生称赞《平复帖》：“翠墨黟然发古光，金题锦帙照琳琅。十年校遍流沙简，平复无惭署墨皇。”

《平复帖》除了书法上的欣赏价值，本身还有另外一层历史意义，它是我国现存最早的名人书法真迹，价值无与伦比，被称为“法帖之祖”。

草书

“草书”一词最早见于东汉文字学家许慎的《说文叙》，所谓“汉兴有草书”。草书是在隶书的基础上演变而来的，为的是书写简便、高效。所以在汉晋时期，草书既是书写尺牍的书体，也是官员批答文书的常用书体，但正式文书不用草书，而用隶书。

草书大体可以分为三类，即章草、今草和狂草。章草的省笔和连笔都已经具备，但连笔仅限于一个字的笔画之间，字与字之间并不相连，是草书中最“端庄”的一种。今草由章草演化而来。今草下笔流畅，不拘章法，笔画和字体更加简化，注重行笔和气韵的贯通，连笔扩大到字与字之间。到了唐代，草书大家张旭和怀素开创了另外一种新型的草书——狂草，笔势放纵，不拘一格，基本上不具备实用性，完全是艺术创作。

智永和尚与《真草千字文》

南北朝前后不过百余年，十几个政权并立，短暂且混乱，但是这个时期对于中国书法史来讲，却是极为重要的。南北朝承接东晋的书法风气，上至帝王，下至士庶，都喜爱书法，形成了自己的书法特色，同时为后来唐代开创书法盛世做好了充足的铺垫。南北朝时期书法家很多，论名气和成就，最突出的是智永。

智永，名法极，俗姓王，浙江会稽人，王羲之第七世孙。当时社会动乱，连年征战，恰逢梁武帝倡佛，智永的父亲便把他送进了寺院出家，智永虽然身在佛门，但是不忘弘扬王氏书法，后来他成为一代高僧和书法家。

智永擅长各种字体，草书最佳，张怀瓘在《书断》中说智永："兼能诸体，于草最优。"草书的妙处在于随势生形，笔画间牵丝映带，血脉流贯。草书想要流畅，就少不了简化笔画。智永的草书虽也删繁就简，但笔省意存，神形兼备。草书的简化并非肆意而为，而是有一定的约定俗成。智永因为师承王羲之和王献之，所以在笔画简化方面与"二王"相似，合乎规范。草书最忌讳笔画均匀，缺乏行云流水的气概。智永对于字的结构十分注重，笔下的草体字要么上密下疏、上合下开，要么上疏下密、上开下合，再就是内实外虚和内虚外实，有明显的虚实对比，这些字因此显得挺健、灵秀，给人以沉稳大气的感觉。

智永的书法虽精妙，但可惜流传下来的书迹太少，仅有《真草千字文》

始制文字乃服衣裳推位
始制文字乃服衣裳推位
讓國有虞陶唐弔民伐罪
讓國有虞陶唐弔民伐罪
周發殷湯坐朝問道垂拱
周發殷湯坐朝問道垂拱
平章愛育黎首臣伏戎羌
平章愛育黎首臣伏戎羌
遐迩壹體率賓歸王鳴鳳

【图 24】　［南朝］智永和尚《真草千字文》（墨迹纸本局部）

《仿钟繇〈宣示表〉》等寥寥数件，其中《真草千字文》最能代表其水平。

《真草千字文》(图24)的布局非常独特，一行草书对应着一行楷书，文字内容相同。虽然两种字体交互，但气韵上毫不违和，端庄的楷书与灵动的草书传递出同一种神韵，一静一动，相得益彰，和谐自然。此外楷书与草书并举也让大家更充分地领会到智永书法的风范。《真草千字文》中的楷书虽结构端庄，但规矩中有变化，用笔遒劲、凝练，方圆并见，外秀内劲，风韵和美、娴雅秀丽；而草书则是在变化中求工稳，线条饱满、行笔圆润，虽笔意飞动，但字与字之间并不相连，柔中带刚，有温润之美。字如其人，从《真草千字文》的笔触中，我们可以感受到智永沉稳老练，同时又温柔敦和、含蓄内敛的性格，以及对精致和潇洒的追求。苏轼就曾评价他说："永禅师书骨气沉稳，体兼众妙，精能之至，返造疏淡。"

智永的书法自古以来就得到推崇，尤其是草书，现代书家祝嘉在著作中就认为，智永的《真草千字文》是"草法最为正确"的范本，初学草书宜从此入门。也有人将学习智永的书法作为学习王羲之和王献之的起步。虽然历代备受推崇，但智永的书法也有局限，他长期偏居一隅，谨守一家，所以作品中缺乏创造性。在这方面和他形成鲜明对比的是怀素。同样作为擅长草书的书法家，同样作为僧人，怀素喜欢游山玩水，性格豪放，他开创的狂草体气势磅礴，自成一家，在这点上智永不如他。

幽深古雅《荐季直表》

钟繇，字元常，东汉桓帝时期生于颍川长社（今河南长葛县），魏明帝太和四年去世。钟繇虽然在政治上是个人物，但是千百年来，他被人们所熟知主要靠的还是在书法方面的成就。钟繇在推动楷书、行书、草书独立成熟的历史进程中，发挥了重要作用。他自己精通隶书、楷书、行书，成为后人学习的典范，人们常常把他同“书圣”王羲之相提并论。

钟繇最初师从大书法家曹喜、蔡邕学习隶书，十分刻苦。他曾经对儿子说，自己练习书法 30 年，不曾偷懒，坐着跟别人聊天的时候手就在地上写写画画，就连睡觉的时候也不闲着，手指在被子上画来画去，甚至连被子都磨破了。东汉末年，文字开始变革，新的字体出现，钟繇敏锐地察觉到了这一点，并积极主动地投入到楷书、行书和草书的创作当中去，单凭这一点，他就比同时代的其他书法家更有决心和勇气。最终他博采众长，精通各种字体，尤其擅长楷书和行书，成为一代名家。

钟繇的书法朴实而有筋骨，讲究巧妙和统一。无论是点画的安排、线条的变化，还是笔力的轻重等，钟繇都是经过认真思考的，然后巧妙地运笔，使得作品拥有紧凑而疏朗、质朴而古雅的格调，可见他具备非常深厚的功力和聪颖的悟性。在当时，钟繇的书法作品与民间书法相差很大，是书法艺术上的一种突破。正是这样的突破，才为后来的两晋南北朝和隋唐的书法盛世做好了铺垫。同时他也依靠自己的勇气、努力、创新和技艺，使自己成为一

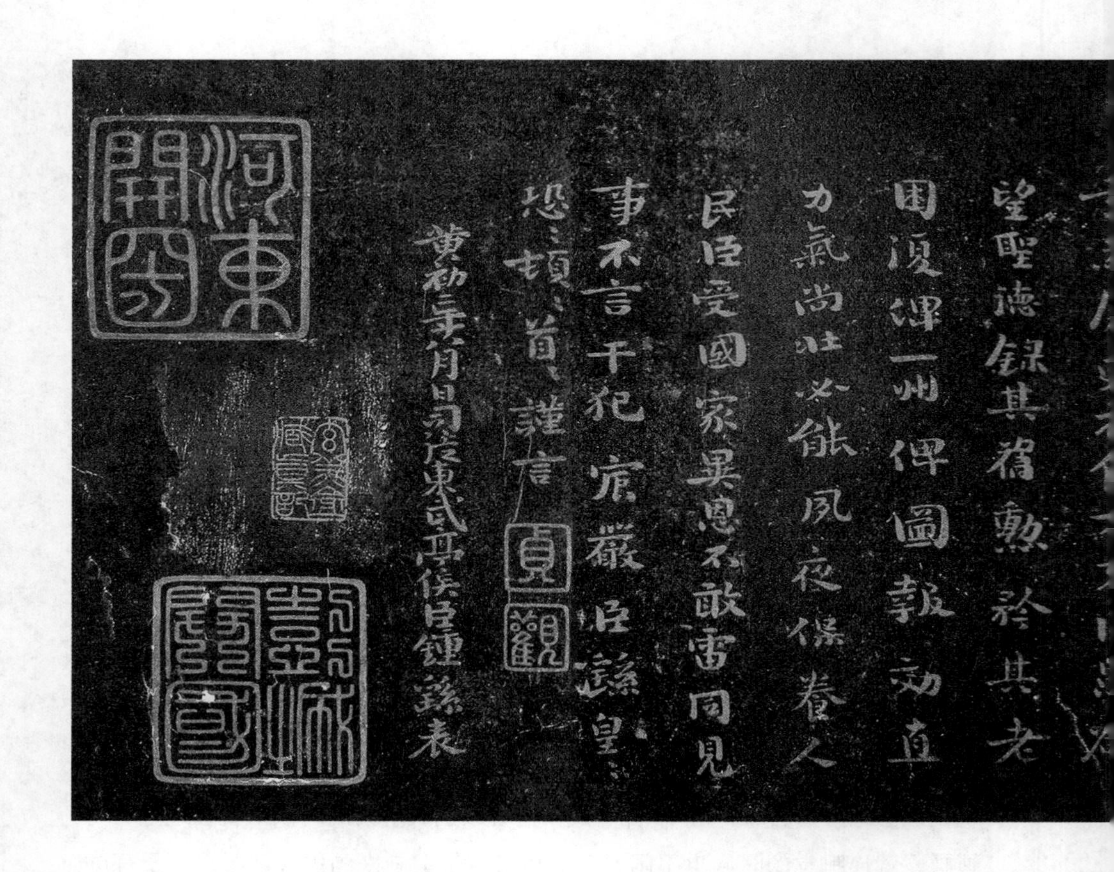

代书法大师，被称为“正书之祖”。

历代后人对钟繇和他的作品评价颇高，萧衍在《古今书人优劣评》中评论：“钟繇书如云鹄游天，群鸿戏海，行间茂密，实亦难过。”只可惜流传下来的作品太少，只有《宣示表》《贺捷表》《荐季直表》《墓田丙舍帖》《昨疏还示帖》《白骑帖》等，而且据说无一真迹，都是王羲之等后人临摹或者翻刻的。其中《荐季直表》最出名。

《荐季直表》(图25）写于221年，当时钟繇已经71岁高龄。这是一篇奏章，钟繇在文里向魏文帝曹丕推荐老臣季直。

【图 25】　［东汉］钟繇《荐季直表》（宋拓本）

《荐季直表》原本有墨迹本，但有人认为是唐人伪造，不是真迹。唐代时候藏在皇宫中，到了北宋，著名书法家米芾还曾见过这个版本，南宋时流传到了贾似道手中，元代时又被路行直收藏，清代又重新回到宫中。1860 年，英法联军进入北京城，火烧圆明园，《荐季直表》被英国士兵掠走。再后来，广州岳雪楼楼主孔广陶将其买回，之后到了收藏家裴景福手里，但可惜被人偷走。这个窃贼怕事情败露，便将其埋在了地下，等人们知道之后，挖出来时，已经腐烂严重，没法辨认了。可惜书法史上的珍品流传千年，颠沛流离之后，竟然会落得这样的下场。好在 1984 年有人为当时还在裴景福手上的这份珍品拍了照，留下了黑白照片，算是稍稍挽回了一点损失。

《荐季直表》刻本版本众多，明代被收入《真赏斋帖》，清代被收入《三希堂法帖》，均列诸篇之首。这些刻本中要数《真赏斋帖》的版本最好，最能传神。《三希堂法帖》虽然跟《真赏斋帖》用的是同样的原本，但为了适应石块的大小，在布局上做了调整，这样一来，钟繇书法的一大特色，也就是“行间茂密”受到很大影响。

《荐季直表》书风稳健厚重又不失活泼，有草书的痕迹，也有楷书的痕迹，是隶书向楷书过渡时期的作品的代表。从笔画上看，无论是撇，还是钩，包括斜钩、竖钩、竖弯钩，以及横笔的收笔等处，都已经带有明显的楷书痕迹；字形上看，内紧外松，还有连笔，呈现出严谨又流畅、端庄又活泼的感觉，并且很多偏旁已经是明显的楷体写法；布局上看，这幅作品已经不再像传统的隶书作品那样，行间距小于字间距，而是行间距放得比较开。

钟繇的书法虽有许多不成熟的地方，但是自有一股天然的妙趣在其中，吸引了一大批追随者。钟繇的“钟体”与王羲之的“王体”在我国书法史上经久不衰，被历代人临摹，影响极其深远。

何为“书圣”

提起书法，就不能不提王羲之。这位家喻户晓的书法家几乎成了中国书法的代名词，后人尊称他为“书圣”，他在书法上的贡献和取得的成就也足以让他配得上这一殊荣。

王羲之，字逸少，原籍山东琅琊，后居住在浙江会稽山阴，曾官至右将军，所以也称为“王右军”。王羲之出身名门望族，自幼练习书法，后来走遍大江南北，博取众家所长，草书学习张芝，楷书学习钟繇，终于自成一家，达到了前所未有的高度。王羲之成就最高的要数行书，被称为“王体行书”，飘逸又遒劲，激情但不蛮横，将力道和韵味融会贯通，完美结合。

王羲之的书法可谓开一代风气，千百年来影响力有增无减。后人常将他与钟繇和张芝并称为书法界“三大巨匠”。

王羲之对中国书法的影响，首先是在书体演变的关键时期将楷书、行书、草书推向全面成熟；其次，将书法技巧做了一个总结和融会，创出新的笔法；最后是打破了当时书法静态美的主流，使得动态美被人们接受，极大地增强了书法的艺术性和观赏性。

王羲之留下的作品很多，楷书代表作《乐毅论》《黄庭经》等；草书代表作《十七帖》《初月帖》《远宦帖》《上虞帖》等；行书代表作有《姨母帖》《兰亭序》《丧乱帖》《孔侍中帖》《快雪时晴帖》等，其中《兰亭序》更被认为是书法史上的千古神品。黄庭坚曾经在《山谷题跋》中说：“《兰亭序》草，王

【图 26】 ［明］文徵明《兰亭修禊图》

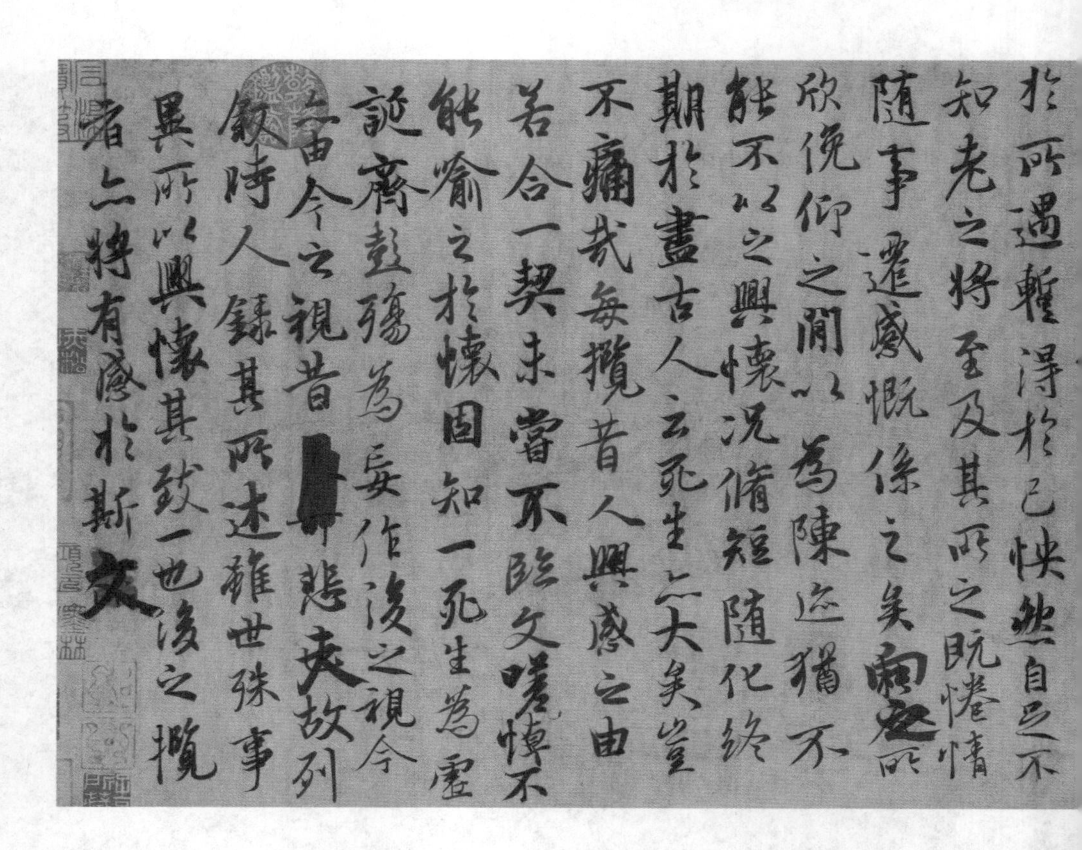

右军平生得意书也。反复观之，略无一字一笔不可人意，摹写或失之肥瘦，亦自成妍，要各存之以心，会其妙处耳。”

《兰亭序》也称《兰亭集序》《兰亭宴集序》，是王羲之为朋友们的诗集所作的序言。353 年，即东晋永和九年三月三日上巳日这天，王羲之与众人在会稽山北面的兰亭下集会，其中既有名士如谢安、孙绰、谢万、支道林，也有王羲之的子侄献之、凝之、涣之、玄之、徽之等，共计四十一人。此次集会是为了“修禊”（源自周代的一种习俗，在三月上旬的上巳节，人们要到水边沐浴，以消灾祛邪。后来将文人饮酒赋诗的集会也称为修禊）（图 26）。“修禊”结束之后，众人又玩起了“流觞曲水”。具体玩法是这样的：

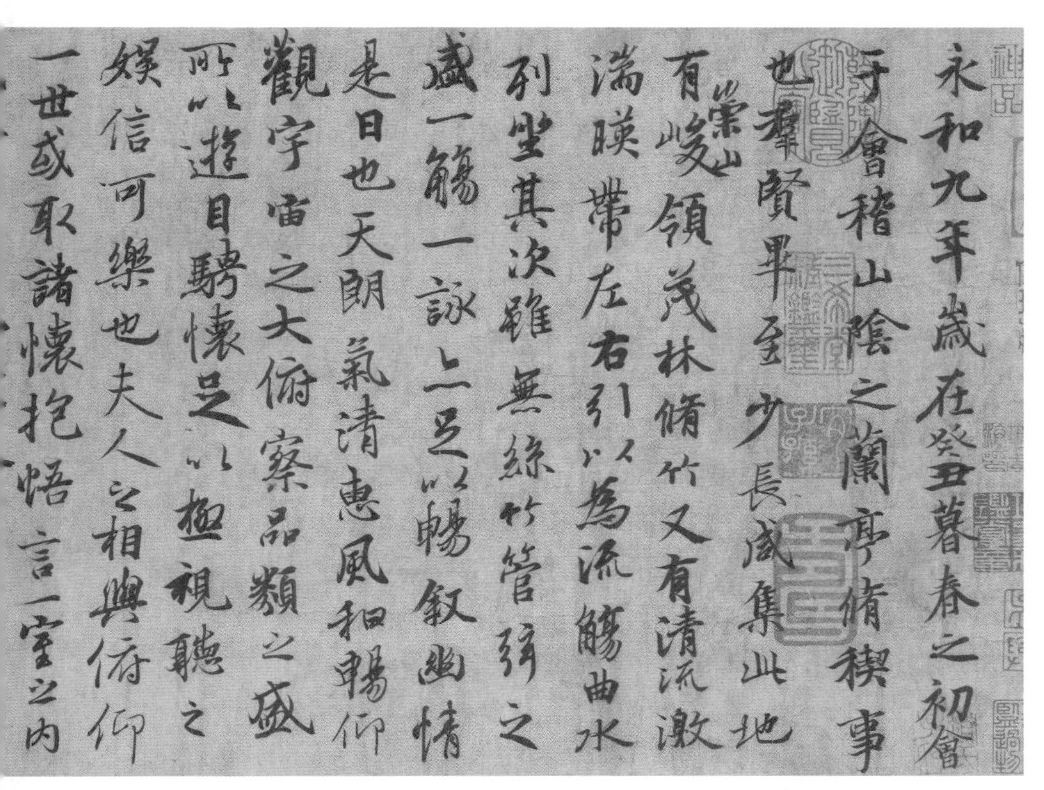

【图 27】　［唐］冯承素《冯承素摹王羲之〈兰亭序〉卷》

四十一位名士在蜿蜒的溪水两边列坐；书童在觞中斟酒，并将其放入溪水中，让其顺水漂下；当觞停下的时候，在谁面前谁就要作诗，若是作不出则要罚酒三杯。

作完诗之后，大家将这些诗汇集起来，因为王羲之既是本次聚会的组织者，本身也德高望重，所以人们推举他为这些诗写一篇序文。王羲之趁着酒兴提起鼠须笔，在蚕纸上挥毫泼墨，一口气写下了后来被称为“天下第一行书”的《兰亭序》。

相传唐代时唐太宗得到了《兰亭序》真迹，还曾令人临摹数本，分别赐给亲近的大臣。可能是唐太宗太喜爱这部作品了，将其列为自己的殉葬品，死后陪他一起埋入了昭陵。所以后人所见到的都不是真迹，而是摹本，这些临本中公认最好的是“神龙本”，即冯承素的摹本（图 27）。这个版本几经流传，乾隆年间被收入皇宫，现藏于故宫博物院。

《兰亭序》全文共 28 行，324 个字，通篇点画相应，飘逸灵秀，刚柔相济，变化无穷，行云流水，节奏感强，无论在用笔、结构还是章法上，都达到了行书的至高境界，后人对他行书的评价是：“清风出袖，明月入怀。”

用笔上，《兰亭序》提笔和收笔恰到好处，下笔遒劲，力道十足，同时线条优美，富于变化。书法中的提笔和收笔，如同音乐中的律动，既是一门技巧，又能表现出作者的情感。《兰亭序》中的提笔和收笔形式丰富，左重右轻，右重左轻，上重下轻，下重上轻，变化多端；同时笔画的粗细和长短也不停在变，但都是因势而变，并不显得臃肿或者纤细，恰到好处更能增加行文的流畅自然。

结体上，《兰亭序》收放自如，变化多端。字体已经不再是隶书方正的形象，而是或修长，或浑圆，收放自如；同时字体极尽变化之能事，凡是出现过的相同的字，没有一个结体相同的。这方面最典型的例子要数出现过的二十多个“之”字，这些不同的“之”字形态各异，有楷书写法，非常工整，有草书写法，流畅自然。或者舒展，或者紧凑，各不相同。但是，妙就妙在每一种写法都不违和，都与上下字之间有内在的互动。

章法上，《兰亭序》布局从容不迫，气韵流畅，和谐自然。字间距很小，行间距较宽，但是每一行之间距离有大有小，行内的文字又稍微左右摇摆，气韵上下流动，毫无阻隔。仔细观察，同一行字的中心相互呼应，重心能保持在一条线上，这样的情况下，左右稍微参差不齐，也不影响整篇的和谐布局，反而这种小的变动更能增添趣味。相邻的字不连笔，但收笔、提笔相互照应，像是纸下还藏着一层联系，给人一种意犹未尽又恰到好处的感觉。

《兰亭序》取得如此高的艺术成就，与它的“自然天成”分不开。通过《兰亭序》，我们得以窥见当时东晋文人名士的思想境界。晋朝人追求思想解放的自由之美，喜欢把酒言欢，“放浪形骸”，无所顾忌，将自己与山水融为一体，这便是所谓的晋人风骨。《兰亭序》中表现出来的空灵和随意、豪放和洒脱，正是当时人们精神追求的体现。

王羲之的草书受张芝影响比较大，张芝的草书属于章草，字与字之间笔画并不相连，王羲之在章草的基础上进一步向今草过渡，最明显的特征便是相邻两个字可以相连，一笔写出。王羲之的草书神采飞扬，字形看似随意而为，却是纵横有度，笔法间流露出一种自然的和谐美，既满足了中国人审美中的中和，又灵动飘逸，将个人的性情和自然山水的气势巧妙地融合到一起，展现出了草书崭新的一面，对于草书的发展起到了至关重要的推动作用。

王羲之的草书作品最初流传下来很多，据说唐代初期仅收入内府的就多达两千多件，但是后世多不知下落。我们今天熟知的王羲之草书作品有《十七帖》《初月帖》《远宦帖》《上虞帖》等等，其中《十七帖》最为出名。因为长卷开头的两个字是“十七”，得名《十七帖》。此长卷中共有草书 134 行，一千余字，另外有楷书 4 行，共 20 字。《十七帖》在唐代便有摹刻本，现在传世的版本中宋拓本（图 28）水平最高。

《十七帖》中的草书风格平和，非常规矩，透露出一股典雅的君子之风。南宋的朱熹曾评价说：“从容衍裕，气象超然。”

用笔上讲，《十七帖》中的笔法方圆相容，圆笔中含有方笔的遒劲，转笔虽不猛烈，但婀娜中藏有刚健，行笔动静结合，恰到好处，那些初学草书的人几乎都要将《十七帖》作为入门的临摹品。

结体上讲，点的运用非常巧妙，并不强求连笔，而是因势而变，与别的笔画照应，让整个字变得活起来；整体上看，字体平衡端正，但是从每个字来看，或左重右轻，或字体倾斜，通过局部的不稳定使整篇作品不乏味，同时又达到整体均衡的效果；松紧有度，一些字故意收紧，一些字故意放开，还有时候会使用很夸张的笔法，使得作品有一种节奏感；个别字不用连笔，单独拿出来甚至都不能称之为草体，但是放到全篇中并不违和，而且相当自然，草书本就讲究因势而变，顺其自然，这样大胆的处理明显出自大师自信的手笔。

章法上讲，书帖中的字大多是独立的，虽然字不相连，但是气韵始终贯通，无论是上下，还是左右，都有一种流淌着的气势存在。唐太宗评价说

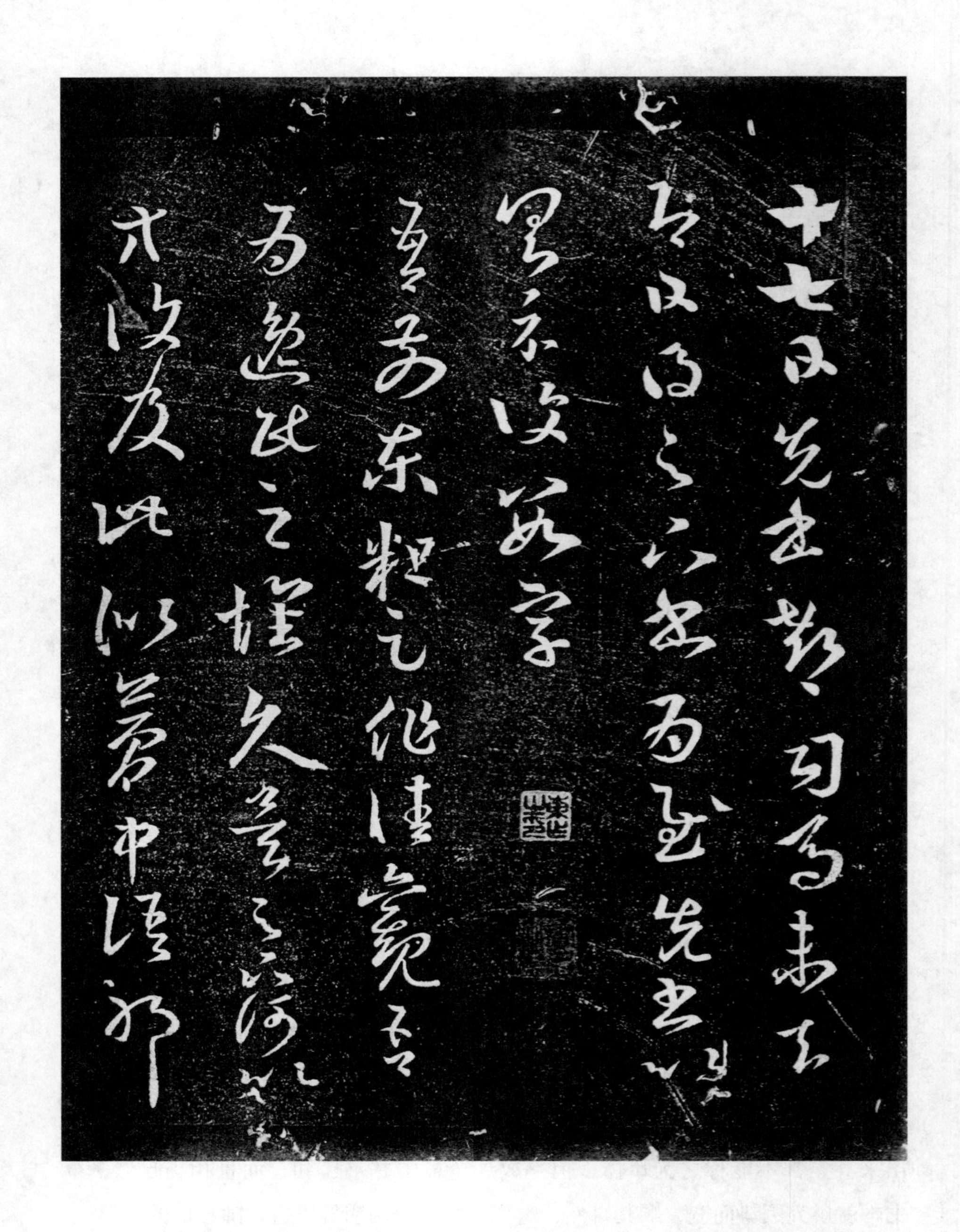

【图28】 ［东晋］王羲之《十七帖》（宋拓本局部）

“烟霏霹结，状若断还连”。在后世的草书作品中，作者多用字与字之间的连接来表现这种气韵贯通，而王羲之则是运用看不见的连笔、每个字笔画的粗细搭配、相邻字之间的体态和大小来实现的，境界明显要高一个层次。《十七帖》中字与字连笔不多，但是每一次相连都是有道理的，下笔干净利落，简洁凝练，绝不拖泥带水。

宋代的苏轼认为王羲之草书的最大特点是“飘逸”。他在自己临写的书帖后面写道：“此右军书，东坡临之，点画未必皆似，然颇有逸少风气。”明代著名的书法家董其昌擅长草书，主张向古人学习，他临写了《十七帖》中的《逸民帖》，趣味颇为相似；明代的书法家王铎更是把王羲之的草书当作主要研究对象，留下了大量临习作品。

东床

据《世说新语·雅量》记载：晋朝时，太傅郗鉴的女儿郗璿正值妙龄，待字闺中。郗鉴听说丞相王导的几个子侄长得都很英俊，便想与王导结儿女亲家。王导听说后也大为满意。于是有一天，郗鉴派了一个门客拿着自己给王导的亲笔书信来到王府。王导见过信后对门客说：“我的几个子侄都在东厢房呢，请你任意选吧！”门客到东厢房看过之后，赶回郗府，回复说：“王丞相的几个子侄长得都很不错，听说我为您选女婿，都打扮得很隆重，有的还有些拘谨，只有一个年轻人，露着肚皮躺在东床上，好像不知道有这回事似的。”谁知郗鉴很高兴地说：“就选那个袒腹东床的做女婿。”郗鉴后来了解到，东床青年就是王羲之，便将女儿郗璿嫁给了他。

随着王羲之名满天下，这个故事也不胫而走，“东床”从此成为对女婿的称呼。

字字珠玉王献之

王羲之之后，紧接着出现了中国书法史上的另外一位大家王献之。

王献之，字子敬，王羲之的第七个儿子。王献之也跟父亲一样，入朝为官，因为受当时大臣谢安的器重，先后出任长史、太守、中书令等官职，也因此得了个外号“王大令”。王献之仕途上的成就不如其父亲，但在书法上，两人在很长一段时间内却是不相上下。王献之精通楷书、行书、草书和隶书，书法自成一家，与父亲齐名，世人常将他们父子合称为“二王”。

王献之在很小的时候便表现出超强的书法天赋，五岁时便跟随卫夫人学习书法。他七八岁的时候有一回练字，王羲之悄悄来到他身后，趁他不备去抽他手中的毛笔，结果没有抽出来，王羲之当即感慨地说：“此儿后当复有大名。”王羲之见他有天赋，便写了《乐毅论》给他临习，王献之日夜临习，写出的楷书中颇有王羲之的神韵，唐代张怀瓘评价说：“穷微入圣，筋骨紧密，不减于父。”

王献之同王羲之一样，擅长各种字体，而他的楷书笔墨疏秀而骨正，结体新奇而严谨，风神潇洒俏丽；行草用笔偏瘦劲，纵逸超妙，如天马行空，游弋自在，表现了一种风神俊迈、无拘无束的情怀，这一点上与王羲之书法中的含蓄美不同。沈尹默曾经在《二王法书管窥》中对他们做了这样的比较：“视观大王（王羲之）之书，刚健中正，流美而静；小王（王献之）之书，刚用柔显，华因实增。”王献之在用笔上，比王羲之要更简略、更舒展、更有奇态，行笔潇洒，不太讲究含蓄，而是直抒胸臆。唐代的李嗣真在《书后品》中说王献之："逸气过父，如丹穴凤舞。清泉龙跃，倏忽变化，莫知所自。或蹴海移山，翻涛簸岳，故谢安石谓：'公当胜右军。'"无论是张怀瓘，还是李嗣真，他们所处的年代离"二王"并不遥远，他们所见到的二人作品也多是真迹，所以他们的评价还是很客观的。

王献之只活了短短的四十二年，同王羲之一样，流传下来的作品无一真迹，都是后人的摹本和拓本。其中，楷书代表作有《洛神赋十三行》，行草代表作有《鸭头丸帖》《廿九日帖》《十二月帖》《地黄汤帖》《东山帖》《鹅群帖》等。

《洛神赋十三行》（图 29）是王献之的楷书代表作品，也是王献之最有名的作品，被公认为"天下小楷第一"，王献之便是凭这幅作品奠定了自己在书法史上的地位。

《洛神赋十三行》之所以能有如此高的成就，与王献之在其中投入的情感有莫大的关系。王献之与表姐郗道茂青梅竹马，婚后二人举案齐眉、恩爱异常，但不到一年他就被迫休了妻子，娶了简文帝司马昱的女儿。所以王献之一生好写此赋，很有可能是借此表达他对前妻的无尽思恋之情。

据说王献之写在麻笺上的《洛神赋》，流传到唐代的时候已经残损，不得见全貌。到了宋代，除麻笺版本之外，又多了一个硬黄纸版本，应该是唐代的临摹作品。这两个版本都只有十三行，所以又称为《洛神赋十三行》。贾似道得到《洛神赋十三行》的麻笺版本后，令人分别刻在两块石碑上，刻在水苍色端石上的被称为"碧玉十三行"，刻在石英石上的被称为"白玉十三行"。麻笺真迹后来被元代书法家赵孟頫得到，而"碧玉十三行"刻碑于明代万历年间在杭州西湖边上的贾似道府邸遗址出土，清代时被收入皇宫，现在藏于首都博物馆。

《洛神赋十三行》共有 250 字，是成熟的小楷作品，体势秀逸，笔致洒脱；笔法上讲，外柔内刚，力道遒劲，秀美且飘逸；结体上讲，匀称端庄，大气舒展，律动感呼之欲出；布局上看，字字之间相互照应，通篇气韵贯通，不拘一格，挥洒自如。清代杨宾称赞道："字之秀劲圆润，行世小楷无出其

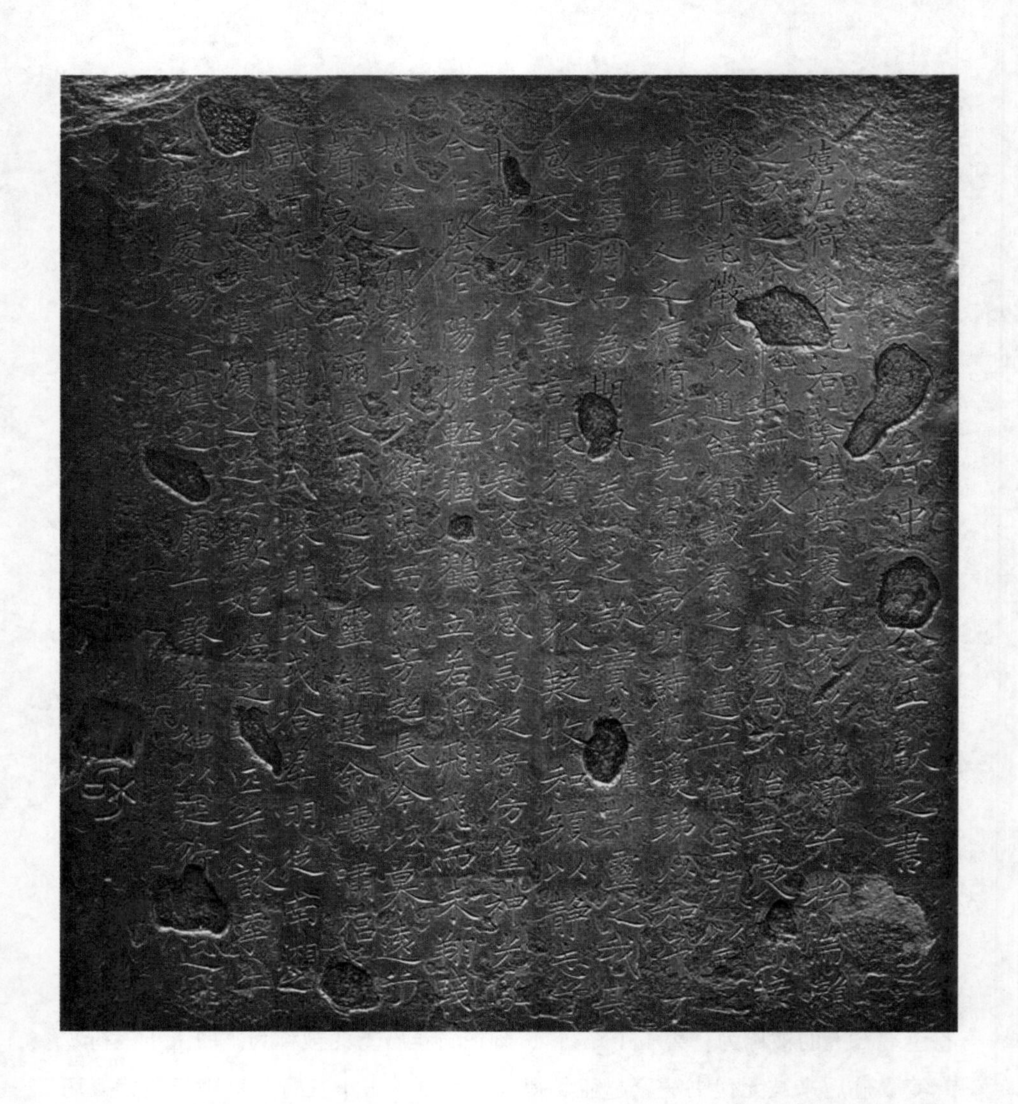

【图 29】 《洛神赋十三行》碧玉版刻石

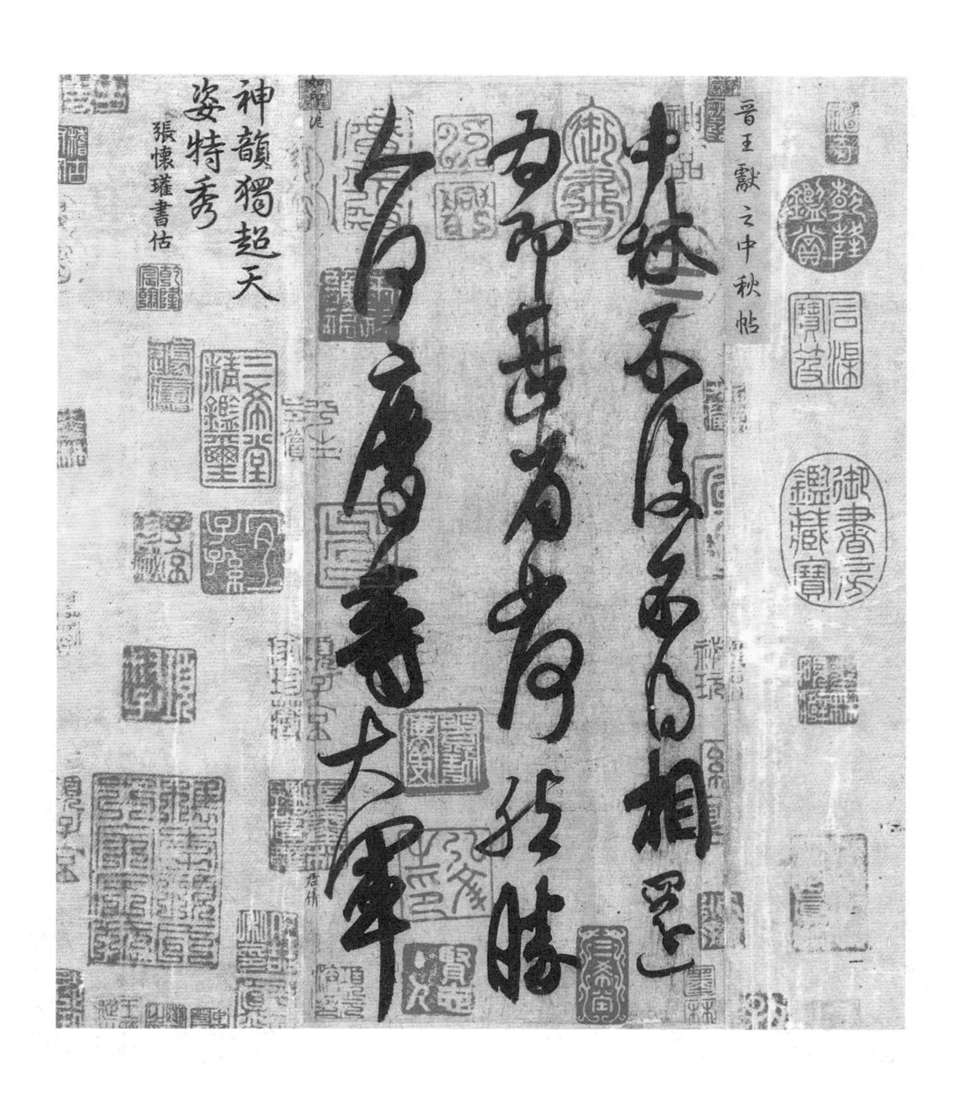

【图 30】　［东晋］王献之《中秋帖》

【图 31】 三希堂内景

右。”《广川书跋》也称赞《洛神赋十三行》：“子敬《洛神赋》，字法端劲，是书家所难，偏旁自见，不相映带，分为主客，趣向整严，非善书不能。”

《洛神赋十三行》与之前楷书很大的一点不同在于隶意全脱。楷书自从汉末出现以来，先后经过钟繇、王羲之的改革，去除隶书痕迹，但在王羲之的楷书代表作《黄庭经》中，我们仍旧能看到隶书书风存在。而王献之的楷书作品中已经见不到隶书的痕迹，楷书彻底有了自己的模样。

《中秋帖》(图30)是王献之“一笔书”的代表作，笔势连绵不绝，宛如滔滔江水，一泻千里。《书断》中给出的评价是：“字之体势，一笔而成，偶有不连，而脉不断，及其连者，气候通其隔行。”清代乾隆皇帝酷爱书法，他在自己卧室旁边专门设置了一间小暖阁，珍藏了三幅代表了中国书法艺术最高水平的名帖，以供随时观赏，这个暖阁被乾隆皇帝命名为“三希堂”(图31)，而藏于此阁内的三幅书帖则被称为“三希帖”，其中一幅便是王献之的《中秋帖》，另外两幅分别是王羲之的《快雪时晴帖》和王珣的《伯远帖》。如今《中秋帖》藏于故宫博物院。

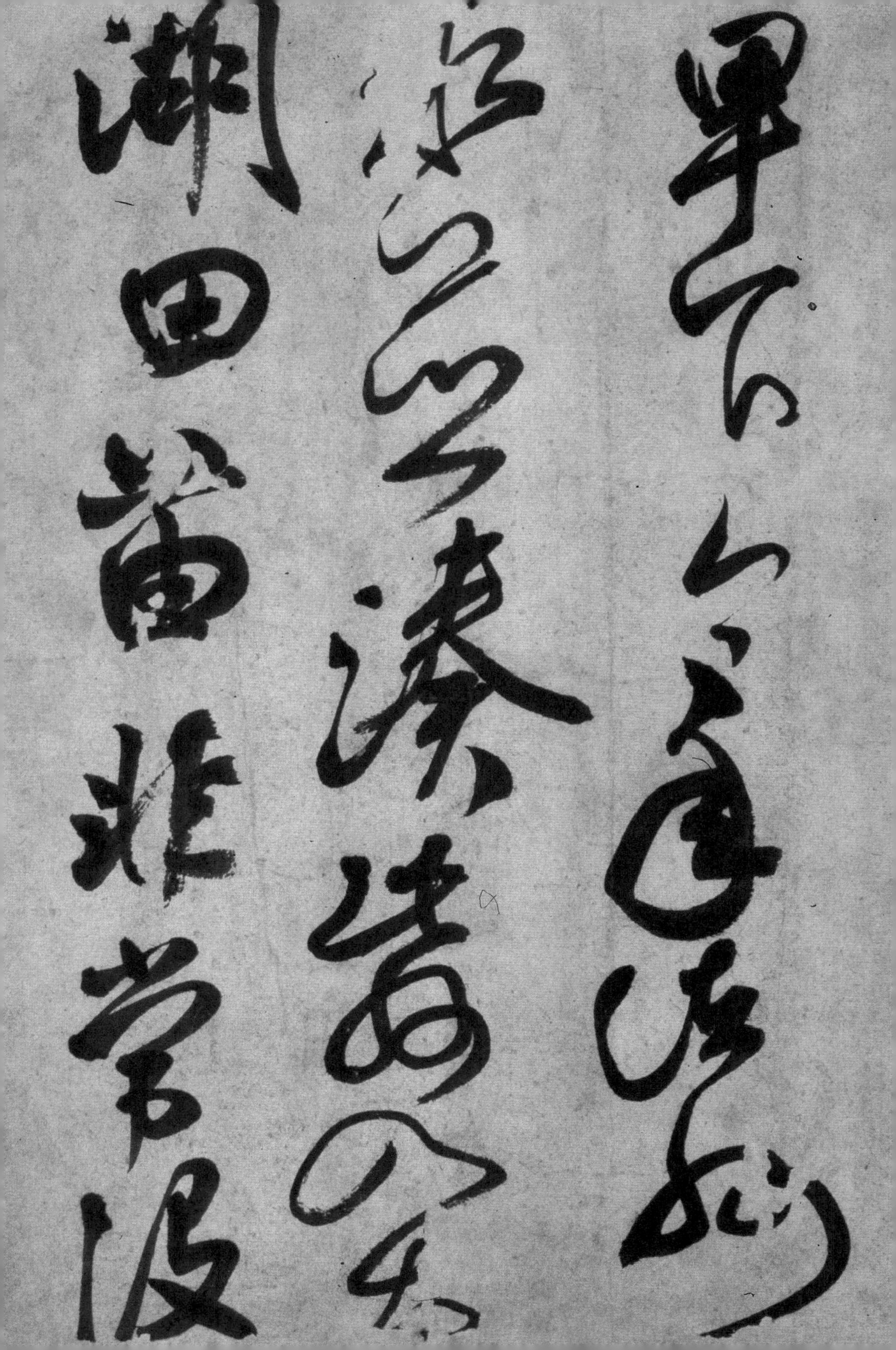

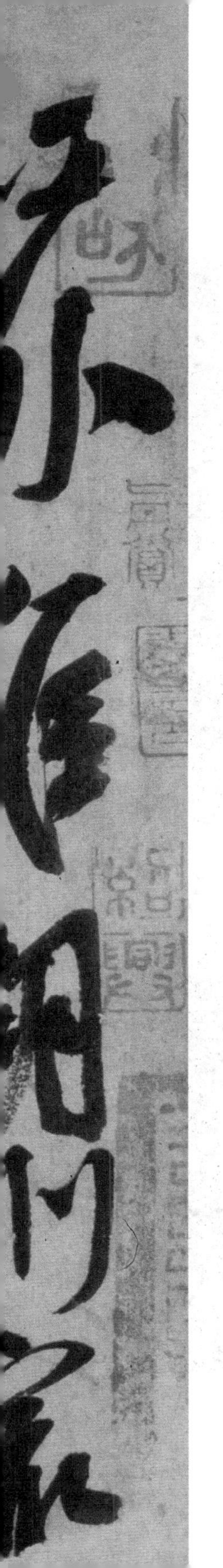

第三章

书法盛世，为家国历史做见证

（581—960年）

隋朝结束了中国长达300余年的社会混乱局面，而之后的唐代更是迎来了中国古代文化发展的巅峰。国家强大兴盛，文化灿烂辉煌，反映到书法中，便造就了一个发展的盛世。

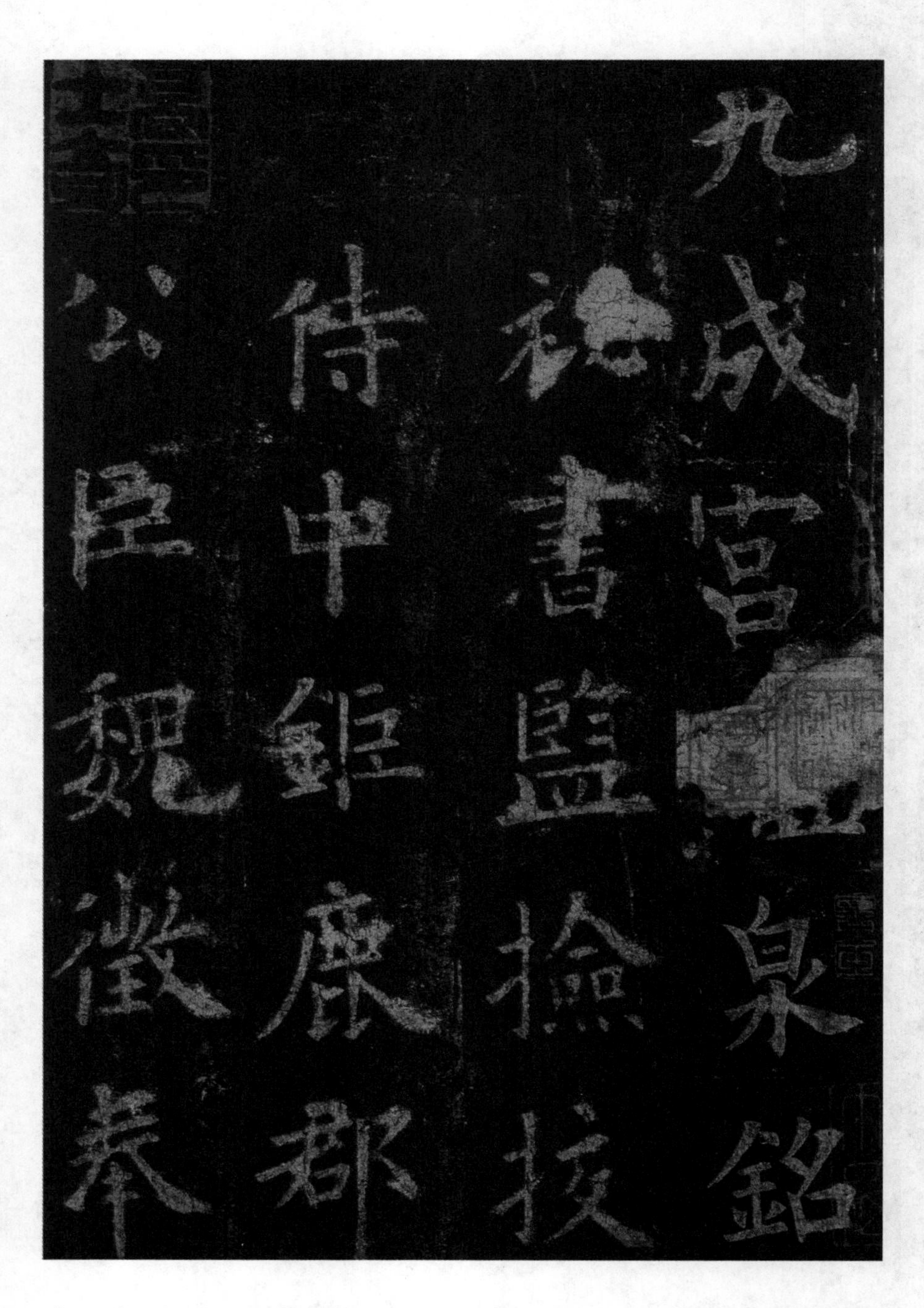

【图 32】　［唐］欧阳询《九成宫醴泉铭》（墨拓本局部）

“书之典范”欧阳询

欧阳询是唐代第一位大书法家，最大的成就是确认和巩固了楷书的地位，完美地展现了楷书的风采，影响深远，他的作品至今仍是楷书入门的不二选择。

欧阳询，字信本，唐代潭州临湘人，生于南北朝时期，父亲因为反对朝廷被处死，年幼的他躲在父亲朋友家中才逃过一劫。到了唐代，他深受唐太宗李世民赏识，出任弘文馆学士，被封为渤海县男爵，官至太子率更令。他精通经史，编纂了《艺文类聚》100卷。当然，他之所以名留青史，最主要还是因为书法成就。

欧阳询兼顾秦篆、汉隶、魏碑，精通各种书体，自成一家。各书体中，欧阳询最擅长楷书。他的楷书笔力险劲，体势凛肃，精密俊逸而又法度森严，被称为“欧体”，对后世影响深远。

“欧体”从笔画上讲，有自己的风格和性情。点的应用姿态多变，比如宝盖头上的点几乎都作短竖；三点水旁中第一点作短撇，第二点作直撇，第三点承第二点之势略挑；如果点是最后一笔，则比较凝重。总之，后世楷书中点的各种形状、各种处理方式在“欧体”中都已出现。横笔的起笔收笔多用方笔，有魏碑的笔意。长横一般会被强调，极力左伸右展。末笔竖画一般特别长，似人昂首而立，傲骨铮铮，刚直之间存挺拔之气。短撇不论斜撇还是平撇，起笔均先做一横画，头如斧劈，尾如刀削。长撇则似壮士立马横刀。

欧书的俊俏之气，多出自撇画。欧书中短捺均为长点状，长捺均为桨状，而且有长捺的字，这一笔肯定用重笔，传神醒目，既持重又舒逸。欧书的钩画特征显著，尤其是右向竖弯长钩，缓缓带起，好比游龙戏水，轻舟待发。左向竖钩若隐若现，有的甚至全无，但观其收笔的姿态，仍有钩在，因而反有虚实相生、“意到而笔不随”之妙。

结体上，欧体方正偏长，稳健峻拔。这种造型是篆体的楷化，欧体的劲峭之势多因此生出。如果说欧书的造型偏长，接近篆法，那么“紧缩中宫，放其主笔”的特征又近乎隶书。《评书帖》云：“欧书劲健其势紧，柳书劲健其势松。”

布局上，欧书的字与字、行与行之间的距离恰到好处，字距往往靠一分则紧，离一分则松，结构于严谨中见奇巧，于法度中显矜持；既险劲，又庄稳；既峻峭，又苍秀。孙过庭《书谱》中有一段话很适合用来评价欧书：“初学分布，但求平正；既知平正，务追险绝；既能险绝，复归平正。”这第二个“平正”同第一个“平正”并非一个意思，而是通过险绝打破了平稳之后出现的雄奇，是平正与雄奇恰到好处的统一。

欧阳询在中国书法上的地位十分关键。他是一座承前启后的“桥梁”，前人认为各朝在书风演变中的特征是“晋尚韵，唐尚法，宋尚意”；而书体的演变又是隶书出自篆书，楷书出自隶书，行书出自楷书。欧阳询作为以楷书著称的唐代第一位书法大家，正是这个沿革演变的枢纽。

在欧阳询传世的作品中，《九成宫醴泉铭》，（图 32）最为后人所知。

《九成宫醴泉铭》，简称《九成宫》或《醴泉铭》，是欧阳询 70 多岁高龄时所写。九成宫在今天陕西麟游县天台山，原是隋文帝杨坚的避暑行宫，依山而建，豪华壮观。隋朝灭亡之后，唐太宗下令修复此宫，并因山有九重，而改隋时的原名“仁寿宫”为“九成宫”。其宏大壮丽为唐代离宫之首。不过有一点，就是宫内缺水。贞观二年，唐太宗在宫中“西城之阴，高阁之下”见一块地方显得潮湿，遂以手杖敲地命人挖掘，竟得到一眼甘泉，并引泉水为渠。泉水清如明镜，味甘如醴，于是被命名为“醴泉”。唐太宗命时任秘书监的魏徵撰文记录下这件事，并让欧阳询书写立碑，这便是《九成宫醴泉铭》的来历。

此碑高2.44米，宽1.18米，上面有楷书24行，每行50字，碑额有阳文篆书“九成宫醴泉铭”6个大字。《九成宫》碑从立起开始，就频繁遭人捶拓，渐渐磨损，到了宋代已经失去原本的面目；到了清代，从碑上拓下来的字已经细如铁丝，没有了当年的神韵。《九成宫醴泉铭》有不同版本的拓本存世，唐代的拓本点画丰满、锋颖如新，而明代驸马都尉李祺的传本被认为是现存最精美的拓本。

《九成宫醴泉铭》是唐代楷书作品中的极品，被历代初学者视为入门典范。此碑的特点在于严谨端稳，险中求正，动静结合，气韵丰沛。笔法上讲，方笔、圆笔兼用，相互穿插，匀称合理；笔画长短结合，粗细搭配，匀称又爽朗，含蓄稳重，不失气韵；结体上讲，中宫收紧，四面放开，精密和谐，字体并不遵循统一的章法，字形多变，形态各异，尽显其妙；布局上讲，字大小不一，长扁不定，但通篇并不违和，显现出一副变中求和、和中有变的姿态，看似险峻，又不失温和俏皮，和谐统一。此碑结合了魏碑的遒劲，汉隶的圆通，以及楷书的刚柔相济，不愧为楷书第一珍品。

九宫格

九宫格是书法临帖中使用的一种界格，是在一个大方框里分出九个小方格，中间一格名为“中宫”，上三格、下三格分别为“上三宫”“下三宫”，左右两格分别名为“左宫”“右宫”。

相传九宫格是欧阳询发明的。由于他所写的《九成宫醴泉铭》临摹者甚多，为了方便大家在练习时更好地掌握笔画的位置，他创立了这样一种练字界格。

除了九宫格，临帖的界格还有田字格、回字格和米字格。

君子藏器，以虞为优

虞世南是与欧阳询同时代的另外一位大书法家，两人的经历也颇为相似，都是三朝为官，最后得到唐太宗赏识，也都擅长楷书。

虞世南，字伯施，越州余姚人。他一生经历了三个朝代，起初在南北朝的陈代为官，后来隋炀帝爱慕人才，将他招至幕中，但因为他性格太直，仅授予他秘书郎一职。入唐后，起初为李世民的秦王府参军，等李世民即位之后，被升为著作郎，兼弘文馆学士，后官至秘书监（唐代掌管机要文书的官员），封永兴县，所以世称“虞永兴”。

虞世南从小便勤奋好学，十分刻苦，常常因为太过专心，十几天不洗脸梳头。他自幼跟随王羲之第七代孙、著名书法家智永学习，得其亲传，算得上是“二王”的嫡派传人，少年时就有了名声。唐太宗曾命他在屏风上写《烈女传》，不给他底本，让他背诵默写，结果一字不差。虞世南还是唐太宗的书法老师，对唐太宗影响相当大。唐太宗特别崇尚“二王”，其中很大一部分原因便是虞世南，虞世南使唐太宗深入了解到了“二王”书法的真谛。唐太宗重视虞世南的才学，曾称虞世南有五绝，即德行、忠直、博学、辞藻、书翰，并说：这五种美德中只要占了一项，就足以为名臣，而虞世南五项都有，何等难得。虞世南以 81 岁高龄亡故之后，“太宗举哀于别次，哭之甚恸，赐东园秘器，陪葬昭陵。”

纵观虞世南的书法，外柔内刚、圆融遒逸。他精通楷书、行书、草书，尤其以楷书见长。

“二王”时代的楷书以小楷最为有名，虞世南便是继承了“二王”的小楷书风，并在此基础上进一步完善，创立了“唐楷”。“唐楷”更接近晋人的楷书，也被称为“虞体楷书”，是唐代书法风格的代表。纵观虞体楷书，刚柔并济，方圆互用，有如玉树临风，纤尘不染，点画结体，无丝毫火躁之气。虞世南是东南人，其温和婉柔的性格必然影响书作，这就使作品显得虽具右军之美韵而失其俊迈。虞体楷书精神内守，以韵取胜，初看似温和有余，再看则筋骨内含。这种笔意由外露走向内含，实为大楷书法艺术历程上的大进步。《晴人书评》称虞体楷书“举止不凡，能中更能，妙有更妙”。《述书赋》更赞叹“永兴超出，下笔如神，不落疏慢，无惭世珍”。

虽然虞世南一生所传真迹不多，不过对后世的影响都很大。虞体楷书作品中，最能反映虞世南高超技艺的当推《夫子庙堂碑》及《破邪论序》。

《夫子庙堂碑》又名《孔子庙堂碑》，唐高祖李渊于武德九年（626 年）立孔子三十三代孙孔德伦为褒圣侯，并重修孔庙，《夫子庙堂碑》记述的便是这件事。

据《庚子消夏记》记载，此碑刻立后，车马聚集碑下，观摩拓印的人络绎不绝。只可惜，不久之后此碑便毁于大火。长安三年（703 年），武则天命相王李旦重刻此碑，但后来又毁于大火。现在此碑有两个版本存世，一是元代重刻于山东城武县的，俗称“城武本”，也称“东庙堂碑”；二是宋代王彦超摹刻于陕西西安的，俗称“陕西本”，也称“西庙堂碑”。西庙堂碑现存放在西安碑林。存世的拓本中以唐拓本最精，但也不全。

《孔子庙堂碑》（图 33）有“天下第一楷书”的美称。用笔圆润劲朗，外柔内刚，笔画横竖平直，规矩又不失洒脱，舒展中有平和之美；从结体上看，字形狭长俊美，秀丽妩媚，用笔圆而结体方，内敛大气；布局疏朗，温文尔雅，气韵贯穿其间，自然流动。当初唐太宗赞赏这幅作品，特将王羲之佩戴过的，有“右军将军会稽内史”字样的银印赏赐给虞世南。

除《孔子庙堂碑》之外，虞世南楷书的另一代表作是《破邪论序》。该作在体势上，虽为魏晋体，却有妩媚秀丽之态；在用笔上，能吸收魏晋、六朝

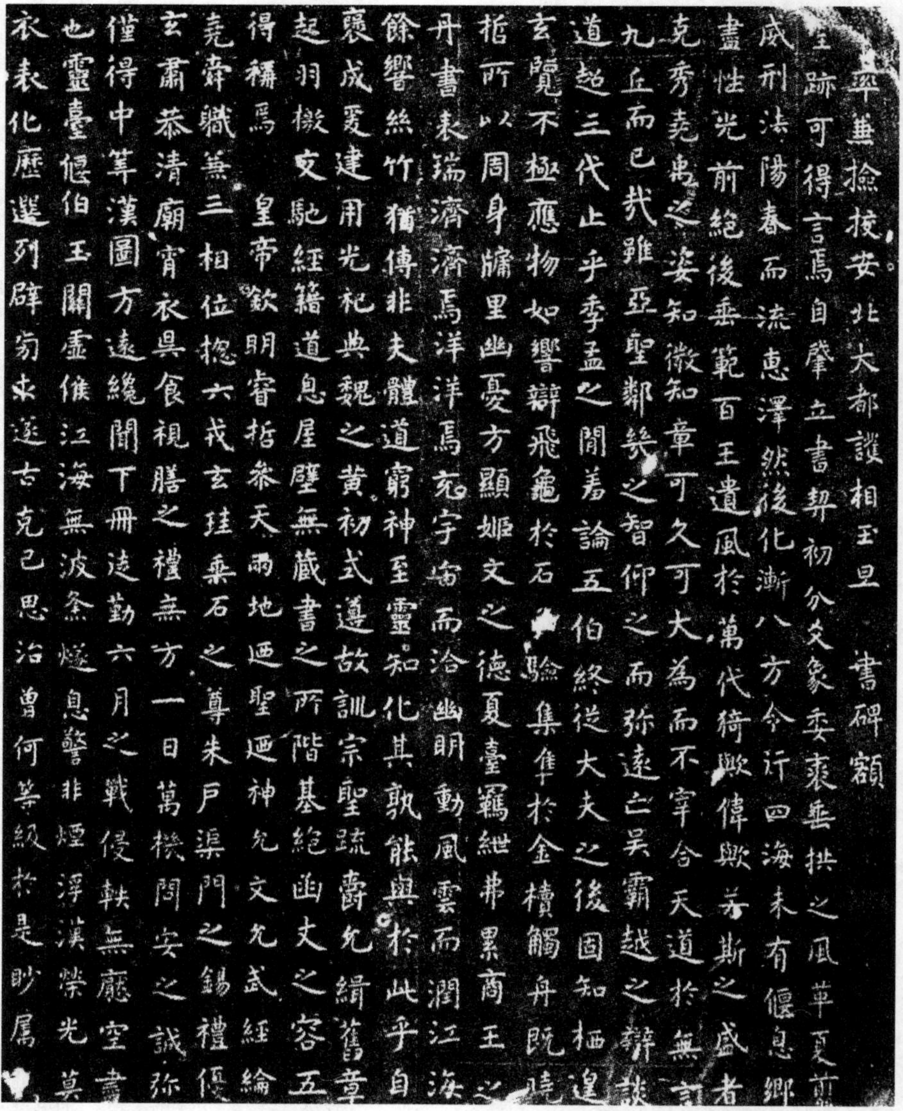

【图 33】 ［唐］虞世南《孔子庙堂碑》（墨拓本局部）

名帖之长；在结体上，每字之结构安排得既疏朗又紧凑，和谐雅致，继承了晋、唐小楷的正统；在布局上，有横行，亦有直行，字写得自然灵活，气势也颇为流畅，颇得天巧。

《破邪论序》在历代书法论著中都有收录，传世刻本中有的署名“太子中书舍人虞世南撰并书”，还有一种署名“太子中书舍人吴郡虞世南撰并书”。历代以来，翻刻此帖的人不少，但是其中最佳的版本应该是越州石氏本。不过，也有人怀疑《破邪论序》并非出自虞世南之手，而另有他人。清代学者姚鼎便是持这种观点的人之一，他指出:《破邪论序》中有“饵松茶于溪漳，披薜荔于山阿”这样的句子，而虞世南的父亲名荔，按理说应该避讳，否则便有违伦理，但实际并没有避开。

楷书

楷书也被称为正楷、正书、真书。“正”表示端正，“楷”表示楷模，可见其特点就是端庄、规范、横平竖直。楷书源自隶书，故楷书也被称为“隶书”“正隶”。

楷体是最晚形成的字体，所以它吸收了所有字体的精华。比如楷体的典型笔法三折笔，就吸收了甲骨文、金文的文字描法和刻法，吸收了篆书、隶书的节奏感，也吸收了草书、行书的二折笔。

楷书按时代可分为魏晋楷书、南北朝楷书、唐代楷书等；按书写载体，可分为笔写楷书和石刻楷书；按字体大小，可分为小楷、中楷、大楷、榜书楷和摩崖楷。

【图 34】 ［唐］褚遂良《雁塔圣教序》（墨拓本局部）

“神仙用笔”褚遂良

褚遂良，子登善，钱塘人，出身官宦世家。他的祖父褚蒙曾任两朝太子中舍人，父亲褚亮是当初秦府“十八学士”之一，深受唐太宗喜爱，死后陪葬昭陵。

因为褚遂良的父亲与欧阳询是好朋友，所以褚遂良一开始就拜欧阳询为师学习书法，并打下了坚实的基础。褚遂良的父亲跟虞世南也是好朋友，后来褚遂良又跟虞世南学习书法，算是得到了“二王”的真传。虞世南去世后，魏徵向唐太宗推荐褚遂良，说他擅长“二王”书法。唐太宗当即将褚遂良任命为侍书学士。原本不过是在秦府供职的褚遂良一下子平步青云，很快便被升为黄门侍郎，参与朝政。褚遂良的性格受老师欧阳询影响很大，当初欧阳询便是以敢于进谏有名，他也同样如此。唐高宗想要废除太后，立武则天为后，褚遂良坚决反对，结果一再遭贬，最后死在爱州刺史的位子上，享年63岁。

褚遂良与欧阳询、虞世南、薛稷同被称为“初唐四大家”。他不但吸收了欧阳询、虞世南两位书法大师的精华，还追溯到“二王”、魏碑、汉隶中去汲取养分，最后融会贯通，推陈出新，自成一家，被人们称为“神仙用笔”。褚遂良的作品以楷书和行书见长，代表作有楷书《雁塔圣教序》《孟法师碑》等。

《雁塔圣教序》（图34）全称《大唐三藏圣教序记》，也被称为《慈恩寺圣教序》，是褚遂良最负盛名的楷书作品。这件作品分别刻在两块石碑上，位于

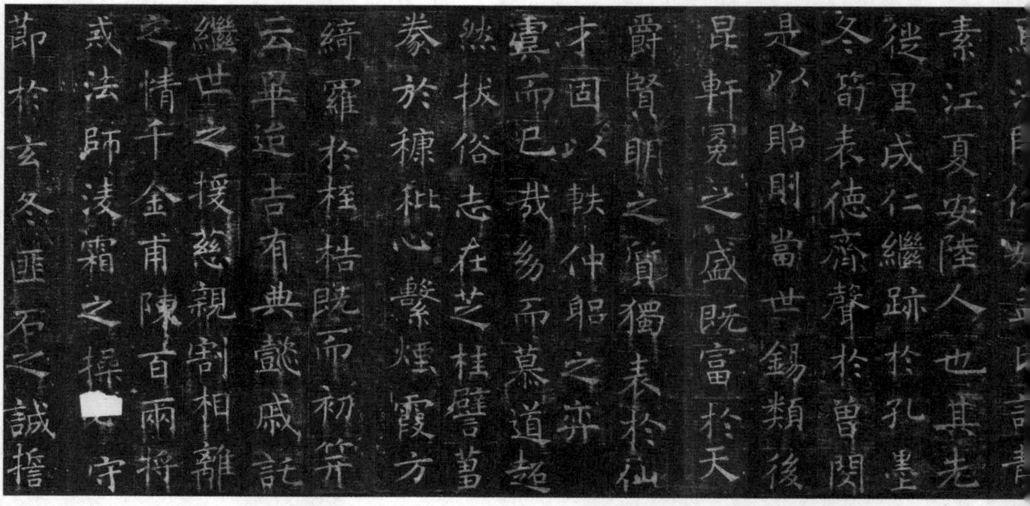

陕西西安慈恩寺大雁塔底层南门的两侧龛内。刻在东侧的是唐太宗撰写的《大唐三藏圣教序》，而刻在西侧的则是唐高宗还是太子的时候撰写的《大唐皇帝述三藏圣教序记》，都出自褚遂良的笔下。

写《雁塔圣教序》的时候，褚遂良已经五十多岁，书风成熟老到，这件作品同时是唐楷进入成熟期的代表作。

用笔上看，方笔和圆笔并用，又不乏隶书和行书的笔法，下笔瘦劲，流畅多变，浑厚中不乏圆润，静穆中又有灵气，姿态各异，和谐自然。笔画间还相互呼应，顾盼多姿。笔尖的运用非常老到，看似笔画瘦弱，但透露出一股决断力，清代书论家王澍评论道："笔力瘦劲，如百岁古藤，而空明飞动，渣滓尽而清虚来。"

结体上看，字形偏方，中宫收紧，同时外围笔画散开，十分舒展，笔画有些错落，但不失秩序，均匀得当，字与字之间在笔势上前后关联，上下呼应，婀娜多姿，顾盼生情，别有一番韵味。

章法上看，布局疏朗，字里行间气韵贯通。此碑之所以能在布局上展现

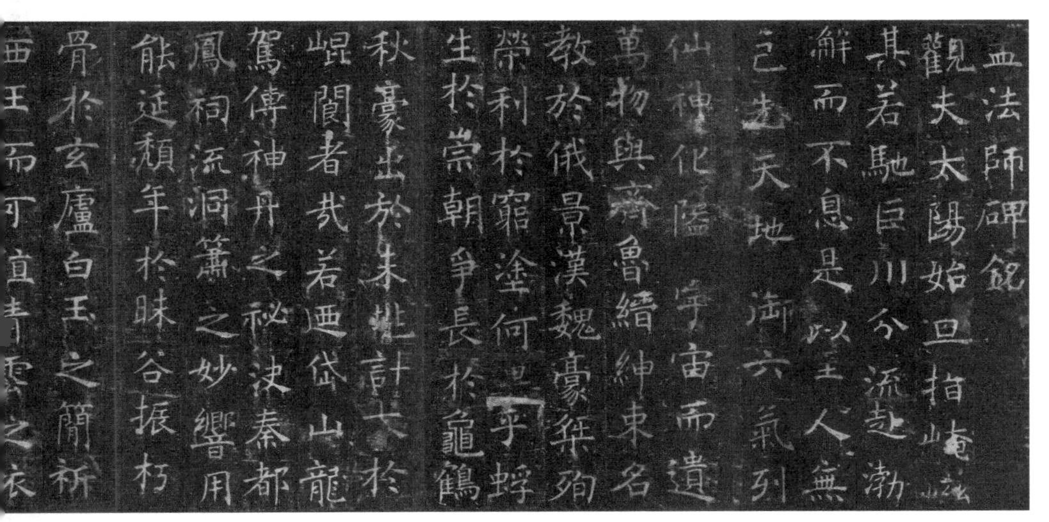

【图 35】　［唐］褚遂良《孟法师碑》（墨拓本局部）

出如此高的造诣，也与当时刻工的精湛技艺有很大关系。唐代的刻工技术已经比之前有很大的进步，尤其体现在转笔等细节上。再者，此碑是由两位皇帝撰文，褚遂良书写，刻工也肯定差不了，是当时的名家万文韶。

《孟法师碑》（图 35）全称《京师至德观主孟法师碑》，于 642 年，即唐贞观十六年刻立。此碑起初在陕西西安，后来失传，不知去向，仅留拓本传世。据说原拓本已经流传到日本。《孟法师碑》虽然不是褚遂良成熟时期的作品，影响力也不及《雁塔圣教序》，但作为早年的代表作，更重要的意义在于其体现出褚遂良在书法上的变革。

笔法上讲，《孟法师碑》方圆兼施，瘦劲有力，笔画起伏停顿，有很强的律动感，下笔轻重结合，虚虚实实，夸张又不失均衡。笔法中有隶书的特点，又有欧阳询和“二王”的影子，看得出作者在努力探索自己的风格。结体上看，字形偏方，严谨但不呆滞，端正而又灵活，寄巧于拙。在书法界，《孟法师碑》获得的评价很高，苏轼在《东坡集》中称赞此碑：“清远萧散。”王世贞评价此碑：“真墨池中至宝也。”

字若人然颜真卿

在中国书法史上，唯一能和王羲之相提并论的，就是颜真卿了。

颜真卿，字清臣，京兆万年（陕西西安）人，出身名门，他的五世祖是著名教育家颜之推。颜真卿为人笃实耿直，向来以义烈闻名于官场，曾为四朝元老，宦海沉浮，不以为意，后奉命招抚谋反的淮西节度使李希烈，为李所杀，一生可谓壮烈。其正直、忠贞、壮烈的人品历来被人们称颂。其伟大的人格融入了他的书法作品，所谓“书为心画”“作字先做人”在他身上得到了完美体现，所以颜真卿在唐代被尊称为“鲁公”。

颜真卿的书法源自家学，但其后来变革的启迪者，则是张旭。在充分吸收前人优点的基础上，他兼取百家，自成一派。

颜真卿的楷书，端庄雄伟，气势开张，反映出一种盛世风貌；而他的行书遒劲舒和、神采飞动，连宋代米芾也极为心仪。他的书法，既有以往书风中的气韵法度，又不为古法所束缚，突破了唐初的墨守成规，自成一派，称为“颜体”。宋代的欧阳修评价说：“斯人忠义出于天性，故其字画刚劲独立，不袭前迹，挺然奇伟，有似其为人。”宋代的朱长文在《续书断》中将其书法列为神品，并点评道：“点如坠石，画如夏云，钩如屈金，戈如发弩，纵横有象，低昂有态，自羲、献以来，未有如公者也。”

颜真卿一生的书法境界分为三个阶段，每个阶段在风格上也各有特点，这些特点体现在他不同时期的代表作品中。

50 岁之前是颜真卿书法的第一个阶段，颜体在这个阶段被确立。《多宝塔碑》和《祭侄文稿》（图 36）是这一阶段的代表作品。

《多宝塔碑》，全称《大唐西京千福寺多宝佛塔感应碑文》，刻于天宝十一年（752 年），由岑勋撰文，徐浩题额，颜真卿书写，碑文记载了西京龙兴寺和尚楚金禅师建造多宝塔的事迹，现存陕西西安碑林。

《祭侄文稿》现藏于台北故宫博物院，是公认的颜真卿传世作品中最可靠的一件。《祭侄文稿》在中国书法史上的地位极高，仅次于《兰亭序》，被誉为“天下行书第二”，是颜真卿为了祭奠在安史之乱中被俘杀的堂侄而作。该书写得神采飞动，笔势雄奇，姿态横生，得自然之妙。虽然全稿中有 30 多处修改痕迹，但并不影响行文的流畅，反而别有一种风采。张晏评云：“告不如书简，书简不如起草。盖以告是官作，虽端楷终为绳约；书简出于一时之意兴，则颇能放纵矣；而起草又出于无心，时其手心两忘，真妙见于此也。”在此帖真迹中，所有的渴笔和牵带的地方都历历可见，能让人看出行笔的过程和笔锋变化之妙，对于学习行书有很大的益处。

颜体对后世书法发展影响深远。在颜真卿之后出现的唐代又一大书法家柳公权，就是学颜真卿而又有所创造的。世人将二人以“颜柳”并称，谓之“颜筋柳骨”。宋代书法家，如苏轼、黄庭坚、米芾、蔡襄，无一不学颜真卿。苏轼甚至说：“书于鲁公，文于昌黎（韩愈），诗于工部（杜甫）为观之。”

50 岁至 65 岁这十五年是颜真卿书法境界的第二个阶段，这段时期颜体渐渐成熟，《麻姑仙坛记》是这段时期的代表作。

《麻姑仙坛记》是颜真卿 63 岁时的作品，已经具备了成熟颜体的特点，宋代的朱长文曾经在《续书断》中称赞这幅字：“秀颖超举，象其志气之妙。”用笔上看，点有时被当作短横来写，侧锋起笔，结束后重按，显得比较厚重；线条一般两头粗，中间细，且中间一段并不直，起伏中蕴含了一种内在的张力，整体上看，舒展中有沧桑感。钩的笔画写起来比较有金属被折弯的爆发感，朱长文形容为：“钩如屈金，戈如发弩。”结字上看，横笔和竖笔都比较舒展，显得字体端庄正直，同时字体内部比较松，外部要略紧，有一股含蓄

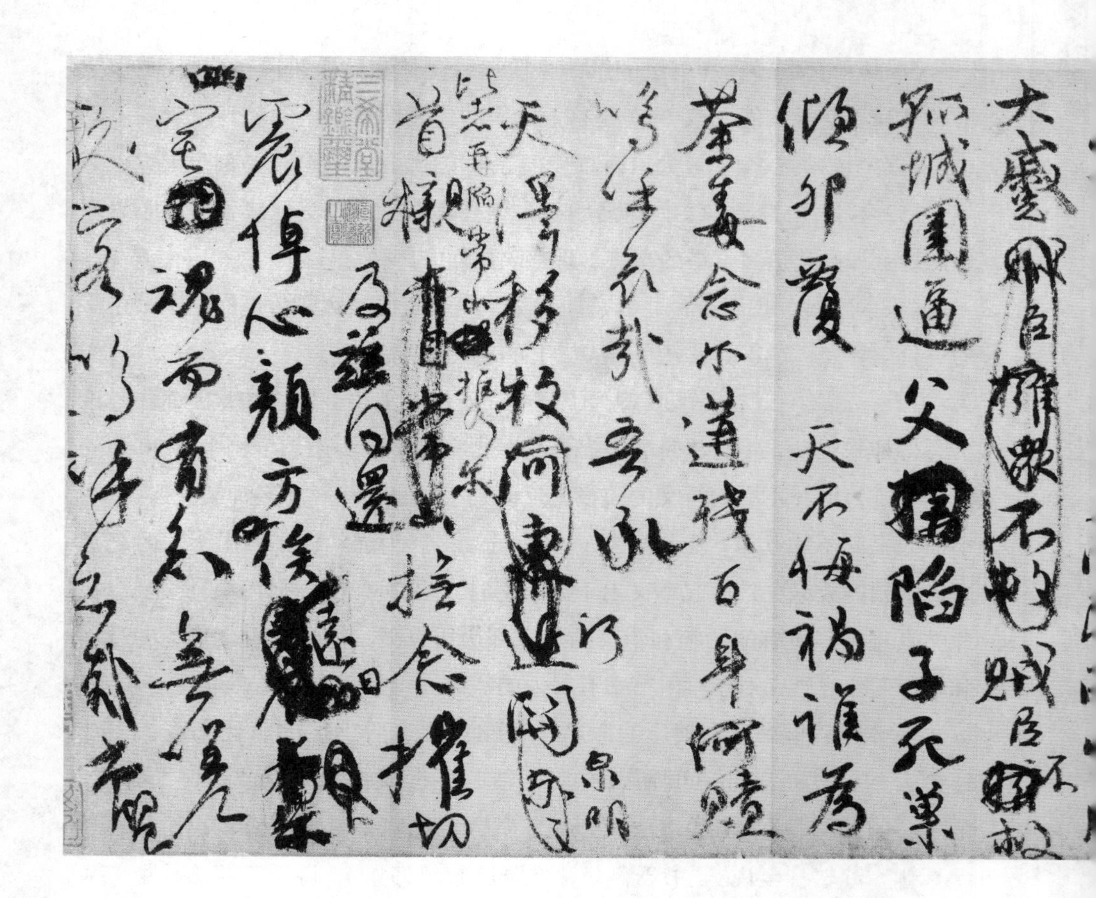

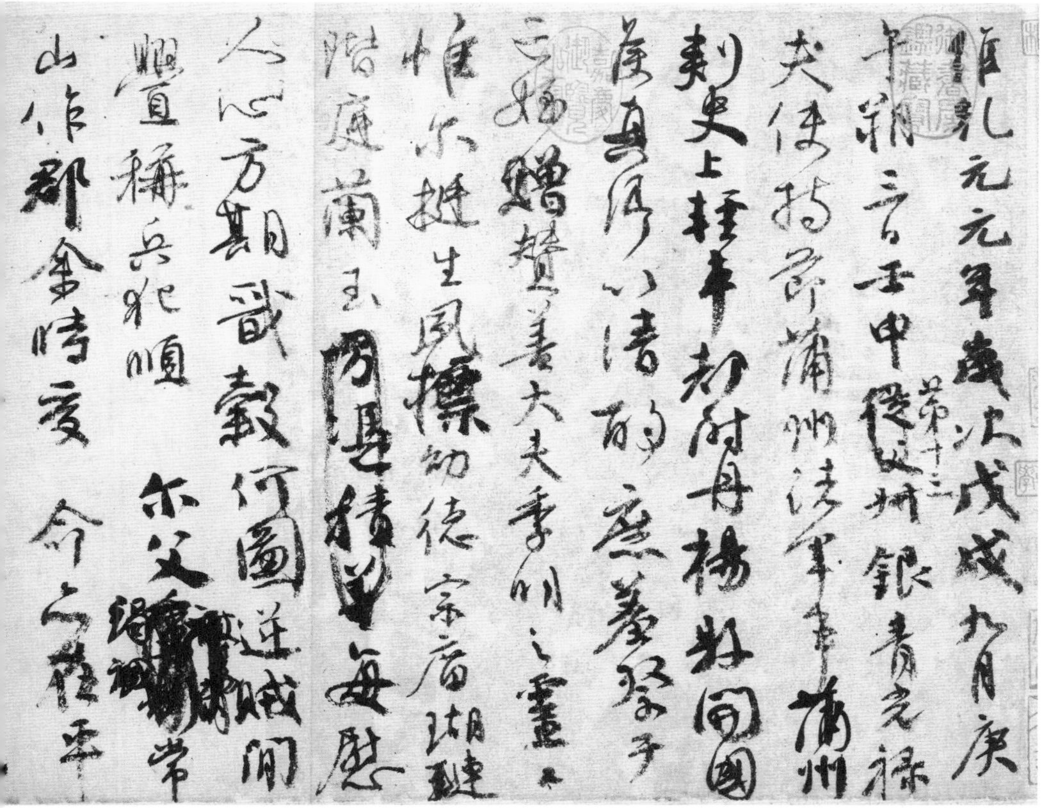

【图 36】　［唐］颜真卿《祭侄文稿》（墨迹麻纸稿）

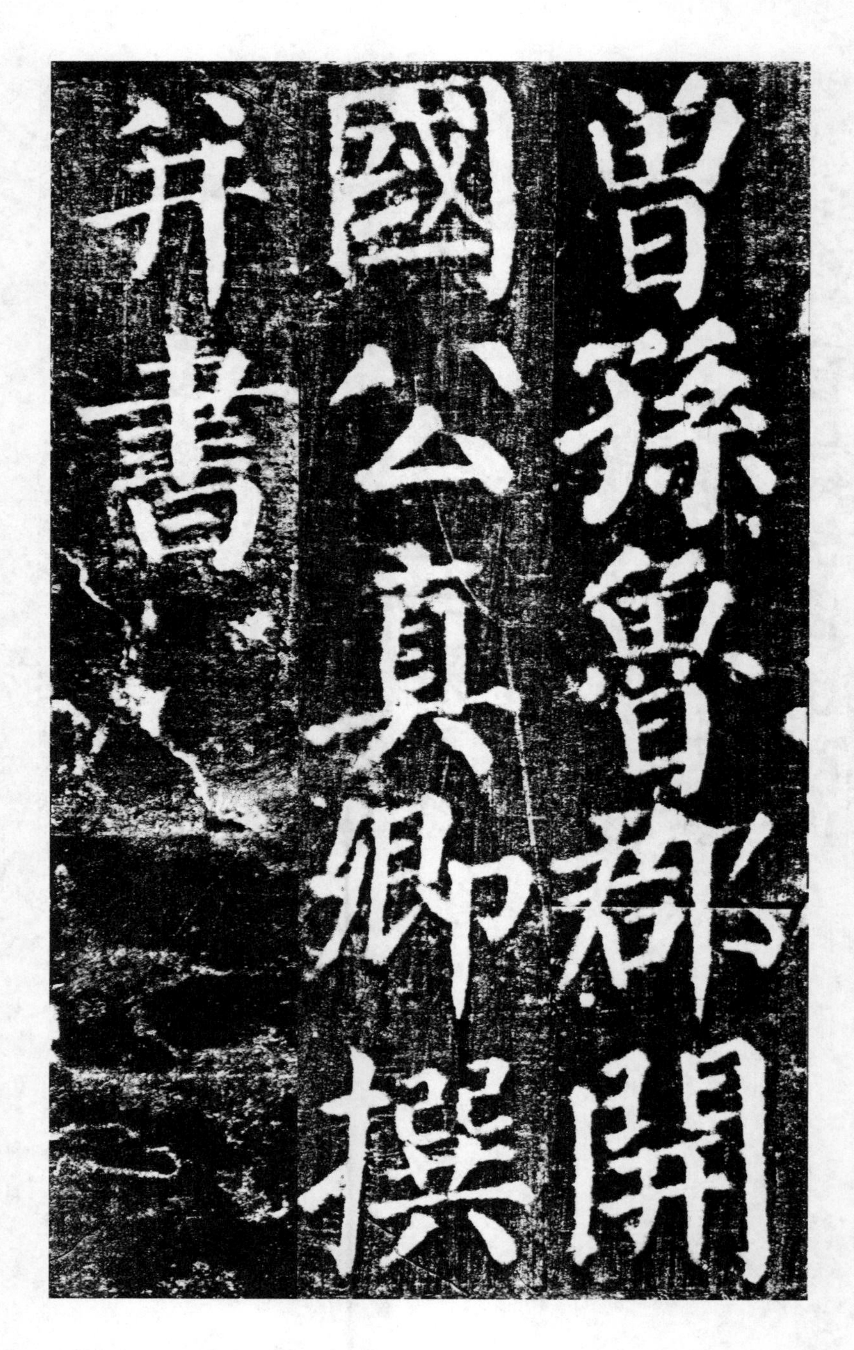

【图 37】　[唐] 颜真卿《颜勤礼碑》(墨拓本局部)

的内力。从章法上看，字间距和行间距都略小，显得比较紧凑，字与字之间虽然是独立的，但是被一种相同的神韵连接起来，全篇字形成了一个统一的整体。总之，《麻姑仙坛记》在艺术表现上体现出了成熟颜体的风范。

65岁之后是颜真卿书法从成熟走向神奇的阶段，颜体在他的笔下已经达到了炉火纯青的地步，这段时期的作品几乎件件都是精品，而其中最具代表性的要数《颜勤礼碑》(图37)。

《颜勤礼碑》全称《唐故秘书省著作郎夔州都督府长史上护军颜君神道碑》，是颜真卿为他的曾祖父颜勤礼立的神道碑。此碑立于779年，即大历十四年，碑文的撰文和书写都是由颜真卿完成的。宋代此碑曾经丢失，直至1922年重新被发现，现存放在西安碑林。此碑是颜真卿71岁时作的，当时他的书法艺术已经进入了辉煌的成熟期，加上体力充沛，所以才成就了这样一件举世无双的作品。笔法上看，方圆并举，力道十足，横笔显细，竖笔显粗，撇和捺略显夸张，整体上看饱满中有一股浑厚感，寄巧于拙，稳健中有一股清爽之气；结字上看，字体端庄正直，外紧内松，上密下疏，外围略微扩张，显得十分疏朗，内部张力十足，很有生气；章法上看，字与字排列紧密，但是每个字都十分鲜明，所以并不觉得压抑，而是有一种浑然一体的感觉。总体上来讲，此碑端正大气、磅礴伟岸，同时十分亲切，普通人不会觉得有距离感，这正是颜体内在的精神特征，雅俗共赏。此碑不仅是颜体楷书的巅峰之作，也是中国书法史上楷书的巅峰之作。

颜真卿的字和别的书法家很大的一点区别在于它更具平民化的倾向。它不故弄玄虚，每一笔每一画都很朴实地表现出来，雄浑大气，充满了作者真挚的感情。因此颜书在民间形成了广泛的社会基础。清代的包世臣曾说颜书“稳实而利民用”，这话一点都不假。这也是为什么历来学书的人，很大一部分由临摹颜体入手。

颜真卿开拓了书法的新境界：从特点上论，颜体法度之严峻，气势之磅礴，前无古人；从美学上论，颜体端庄美、阳刚美、人工美，数美并举，皆为后世立则；从时代上论，唐初秉承晋代的余晖，未能自立，颜体一出，成为盛唐气象鲜明的标志之一。

行书

行书是一种介于楷书和草书之间的字体。在所有字体中，行书因为简便、流畅，成为最符合大众日常书写习惯的一种字体。

关于行书的起源，主要有两种说法。一种说法是东汉的刘德昇创立了行书。西晋卫恒在《四体书势》中说：“魏初，有钟、胡二家为行书法，俱学之于刘德昇……”唐代张怀瓘在《书断》中不仅说行书是东汉刘德昇创立的，还点明了行书源自楷书。第二种说法认为是两晋时期的钟繇创立了行书。曾有书记载：“钟有三体：一曰铭石之书，最妙者也；二曰章程书，传秘书，教小学者也；三曰行押书，相闻者也。”其中“行押书”指的便是行书。不过，这两种说法都有漏洞。根据出土的秦汉文物可知，当时已经出现了早期的行书。

柳公权：清刚骨立，颖脱不群

柳公权是颜真卿之后又一位楷书大家，两人在民间都家喻户晓，常常被合称为“颜柳”。因为他俩的楷书十分规范，成为千百年来人们学书入门的首选。

柳公权，字诚悬，京兆华原人。同很多书法家一样，柳公权也是仕途中人，他元和三年中进士，后官至太子少师。他平生致力于经学，还精通音律，但让他扬名历史的还是他的书法。

柳公权的书法成名较早，加上受到皇帝的赏识，在他还在世的时候作品就已经十分珍贵。一次，唐文宗和学士们联句，文宗说：“人皆苦炎热，我爱夏日长。”一时很多人跟着附和，但是文宗最爱柳公权的下联：“熏风自南来，殿阁生微凉。”文宗命柳公权把这首诗题写在大殿墙壁上，于是柳公权遵命，提笔一挥而就，每个字约有 5 寸那么大，非常精美。文宗忍不住赞叹说：“钟（繇）王（羲之）无以尚也。”立即升迁他为少师。又有一次，唐宣宗叫他在御前写楷书、草书和行书各一句，并命令军容使西门季玄为他捧砚，枢密使崔巨源为他过笔，写完后唐宣宗备加赞赏。

柳公权一开始学习王羲之的笔法，后来学习欧阳询，笔画穿插密致，线条细但不失劲道，再之后学习颜真卿。无论是从用笔、结体还是布局上看，都能明显看出两者的传承关系。颜体注重中锋运笔，且掺有篆书和隶书的意味，这些都被柳公权继承了下来。不过，柳公权并非单纯地照猫画虎，在继

【图 38】 ［唐］ 柳公权《玄秘塔碑》（墨拓本局部）

承中又有自己的新意，其中区别最大的一点在于柳体字更清瘦，“颜筋柳骨”的说法就是出自这里。柳体字匀衡瘦硬，有魏碑斩钉截铁的气势，结体更严谨，笔画间透出一股骨力。颜体的特色是浑厚宽博，而柳体则是骨力遒劲、英气十足。

柳公权传世的作品很多，比较有影响力的有《玄秘塔碑》《神策军碑》《金刚经》《冯宿碑》《高元裕碑》等。

《玄秘塔碑》（图 38）是柳公权最有名的作品之一，千百年来一直被学书者视作楷书范本。当代著名书法家启功先生曾对此碑做出过点评：“其书体端庄俊丽，左右基本对称，横轻竖重，而短横粗壮，且右肩稍稍抬起；长横格外瘦长，起止清楚；竖画顿挫有力，行笔挺劲舒长。撇画锐利，捺画粗重，用笔干净利落。从结字的整体来看，主要是内敛外拓。这种用笔遒健，结字紧劲，引筋入骨，寓圆厚于清刚之内的艺术风格……”此碑除了笔法劲练、结体严谨、布局疏朗之外，还十分注意点画的多变，常常一个字内的同一种笔画写法不同，变化多端，丰富多彩。

《神策军碑》全称《皇帝巡幸左神策军纪圣德碑》，也是柳公权的代表作之一。碑文中记载的是唐武宗李炎巡视左神策军纪之事，因为此碑当时立于皇宫之中，不能随便拓印，所以传世拓本十分珍贵。此碑笔画遒劲豪迈，偏浑厚，但不失锋锐；结体疏密有致，有的地方收紧，有的地方疏朗，和谐统一；布局也十分均衡，与后来的《玄秘塔碑》相比，此碑风格更接近颜体，是柳体继承颜体很好的证明，同时也是学习楷书很好的临摹对象。

《金刚经》是更早之前的作品，刻于 824 年，即唐长庆四年。可惜原石毁于宋代，传世的唯有甘肃敦煌石室唐拓孤本，此拓本一字未损，现在存放于法国巴黎博物院。通过此拓本，人们可以看出其中结合了钟繇、王羲之、欧阳询、虞世南、褚遂良各家书体之长，很好地证明了柳体的起源和传承。

字如其人

中国人常讲“字如其人”，书法史上第一个将人品与字联系在一起的是南朝梁的名臣袁昂。柳公权也是这一观念的大力实践者。唐穆宗时，柳公权担任夏州书记，这是一个很小的官职，但当时他的书法已经比较出名。有一次穆宗问他用笔之法，他回答说：“心正则笔正。”从此柳公权留下了“笔谏”的美谈。而他的书法也做到了“字如其人”，既继承了唐楷的法度规矩，又拥有“中正平和之气”。

“书论双绝”孙过庭

孙过庭，字虔礼，唐代著名书法家，擅长楷书、行书和草书，代表作是草书《书谱》(图 39)。

《书谱》既是孙过庭撰写的一篇书法理论文章，同时也是他的书法名作，被誉为“书论双绝”。

理论上讲，孙过庭提出了他著名的书法观“古不乖时，今不同弊”，为书法美学理论奠定了基础。文中还分析了楷书、草书两种字体，认为书法是一种抒情的艺术形式，主张书法家要大胆创新，有自己的个性，这些理论对后来书法的发展影响较大。

作为书法作品来看，《书谱》的艺术成就也相当高。孙过庭在草书上追随“二王”，但又不局限于“二王”，有自己的风格。唐代张怀瓘《书断》称他“博雅有文章，草书宪章二王，工于用笔，俊拔刚断”。唐《续书评》云：“过庭草书如悬崖绝壑，笔势劲健。”《宣和书谱》评论他：“得名翰墨，间作草书，咄咄逼羲献，尤妙于用笔。”宋米芾评道：“凡唐草得‘二王’法者，无出其右。”孙承泽也说：“唐初人无不摹右军，然皆有蹊径可寻。独孙虔礼之《书谱》，天真潇洒，掉臂独行，无意求和而无不宛和。此有唐第一妙腕。”

在书法史上，孙过庭不仅是一位优秀的继承者，还是一位大胆的创新者。在孙过庭生活的时期，流行最广泛的是王羲之的行书和楷书，一是因为唐太宗喜欢王羲之，并大力推广；二是因为王羲之的行书和楷书的确比较实用，

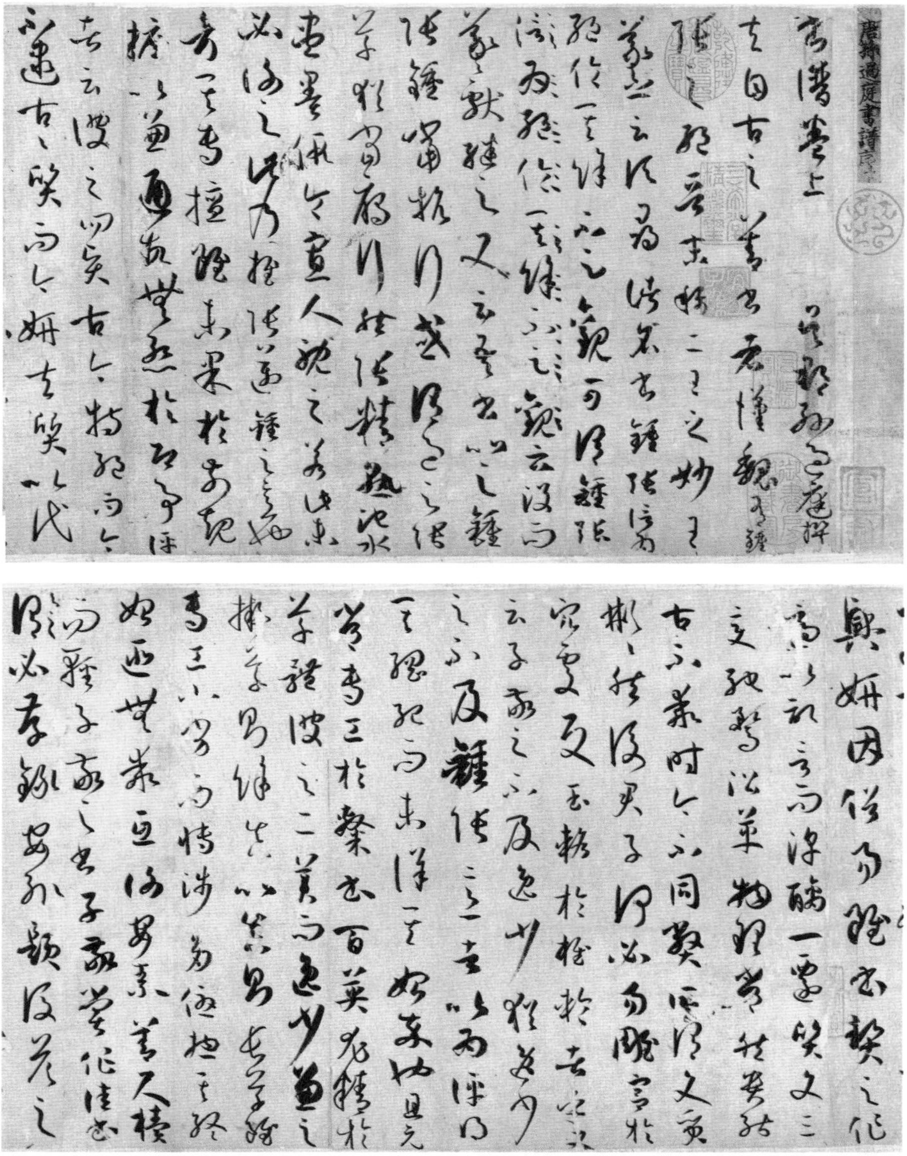

【图 39】　［唐］孙过庭《书谱》（局部）

无论是日常书写还是考试、刻碑，基本上都会选用这两种字体之一。但是孙过庭对这种几十年只推崇一家的格局很不满，他在《书谱》中表明了自己的志趣，那便是勇于创新，百家齐放，用书法抒发性情。孙过庭最终选择了草书作为改革的载体，并大获成功。他的草书继承自"二王"，这一点从运笔、结体和章法上都很容易看出来，同时又极具个人特色。

古人概括孙过庭所书的《书谱》特点说："用笔破而愈完，纷而愈治，飘逸愈沉着，婀娜愈刚健。"孙过庭书写速度较快，因此，其点、横、竖、撇、捺等笔画的起笔多为露锋。他善于从露锋中求飘逸，于藏锋中见沉着。孙过庭还善于从圆笔中见婀娜，从方笔中求刚健。《书谱》中许多钩均用圆转笔法，有的干脆省略，很少有方笔。这种以圆笔为主的写法使作品显得流畅飞动，婀娜多姿。而其中间以方笔，又使通篇作品浑厚端庄，刚健挺拔。

孙过庭在当时并不是很有影响力的一位书法家，但是，孙过庭在草书上的承上启下作用是毋庸置疑的。从承上来讲，包世臣在《艺舟双楫》中认为，当时的印刷、传播技术还比较落后，加上人们冷落草书，若没有孙过庭的继承，王羲之的草书也就断绝消失了。而正因为孙过庭补充和发展了王羲之的草书，并自成一家，才使得后代书法家认识到草书发展的多种可能性。

薛稷

薛稷是唐初著名的书法家，师承褚遂良，时有"买褚得薛，不失其节"的说法。他的《信行禅师碑》是历代公认的书法精品。薛稷多才多艺，不仅字写得好，诗也写得棒，还非常善于绘画，人物、佛像、鸟兽、树石皆很出色，画鹤更是一绝。他是唐代花鸟画刚刚形成时的名家，也是书画一体这种艺术表现形式的最初实践者。

“草圣”张旭：挥毫落纸如云烟

张旭的草书是中国书法艺术的一颗璀璨明珠，其成就举世公认。《新唐书》有语：“后人论书，欧虞褚陆，皆有异论，至旭无非短者。”“文宗时，诏以李白歌诗、裴旻剑舞、张旭草书为三绝。”

据史书记载，张旭官至金吾长史，所以也被世人称为“张长史”。他年轻时游历京城和中原一带，晚年归乡，嗜酒如命，平时生活也是放浪不羁，每次喝醉后就呼叫狂走，人们给他起了一个外号“张颠”。他与贺知章、李白等人交往密切，并且因为喜欢喝酒，都在“酒中八仙”之列。张旭为人倜傥豁达，卓尔不群，与他为伍者均为一代豪杰。李白曾有诗赞道：“楚人尽道张某奇，心藏风云世莫知。三吴郡伯皆顾盼，四海雄侠争相随。”张旭还喜欢作诗和书法，杜甫在《饮中八仙歌》中写道：“张旭三杯草圣传，脱帽露顶王公前，挥毫落纸如云烟。”

张旭是中国草书发展史上开天辟地的人物，他的草书被称作狂草。张旭最早学书是跟随舅舅陆彦远学习“二王”。但是，张旭所处的唐代是古代中国的第一个盛世，无论是物质还是精神方面都很丰富，人们崇尚的不再是晋代的隐居世外，而是饮酒和作诗。在这样蓬勃旺盛的一个时期里，加上张旭在书法上的悟性，狂草随之产生。张旭曾经自己说悟到狂草的真谛是因为：“始公主与担夫争道，又闻鼓吹而得笔意，观公孙大娘舞剑器，得其神。”在诗和酒的催动下，他将自己的喜怒哀乐，通过笔化为狂草。他笔下的草书千变万

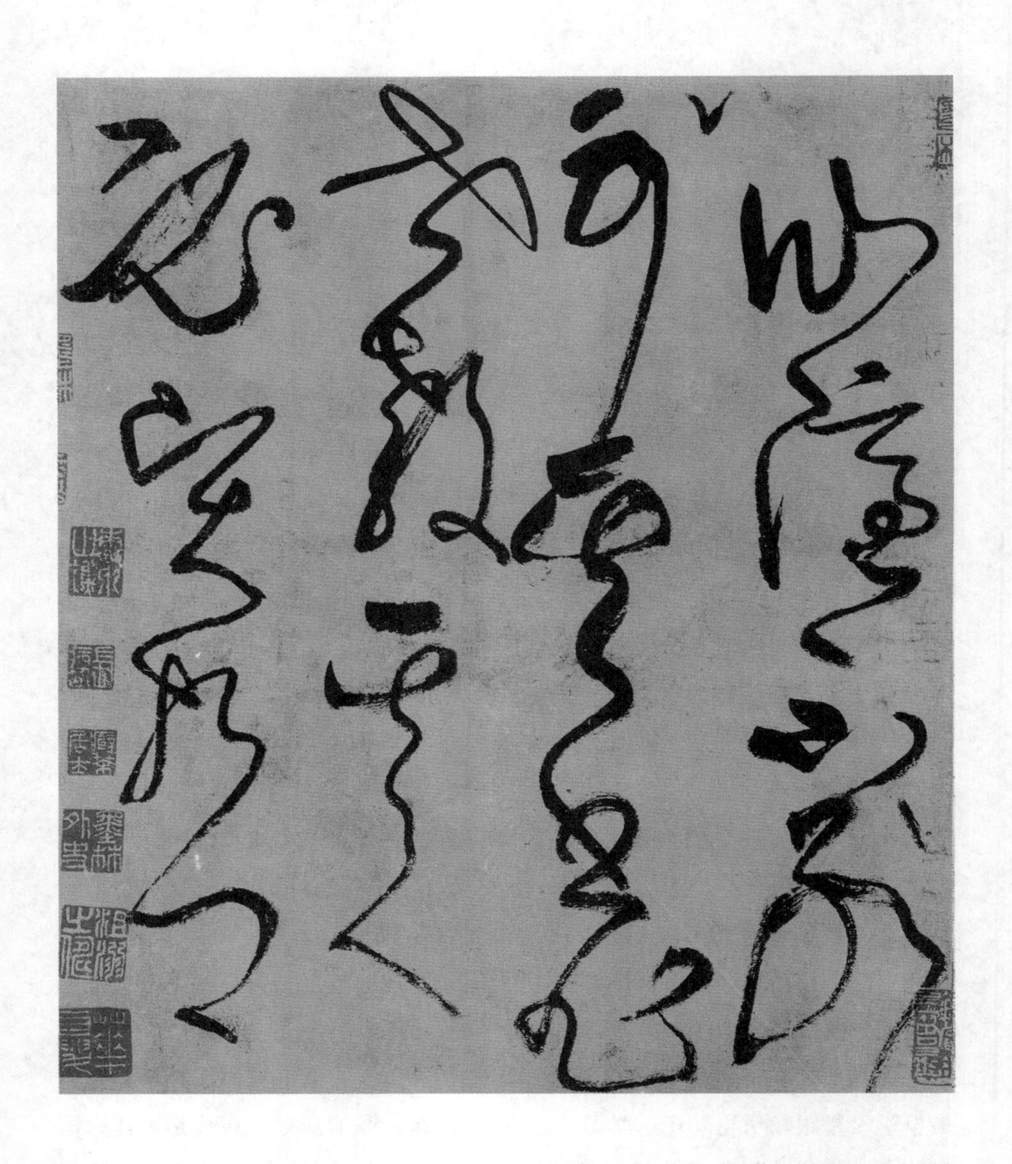

【图 40】 ［唐］张旭《古诗四帖》（墨迹纸本局部）

化，肆意挥洒，如同狂风骤雨迎面扑来，给了人们别样的艺术感受。他也因为狂草的创新被称为“草圣”。

张旭的书法总体可以一个“狂”字概括，但具体细究又具备如下两个特征。

第一，率意。张旭的草书中“意”统领着一切，千回百转的旋律，龙腾虎跃的气势，都是为了抒情达意。它凭借书法的线条来体现，任情纵横，不拘成法，个性和灵趣在其中得以升华。气势豪迈雄浑，体势连绵不断，笔意潇洒奔放，极尽变化之妙，是天才的创作，是力和美的完美结合。

第二，险劲。险是相对奇而言的，张旭从大漠的线条中汲取灵感；下笔与结体中的那股任意纵横，非但没有破坏书法作品的美感，反倒增强了作品的气势和气魄。

据说，张旭的很多精彩作品都是作在墙上，而非纸上，千百年过去之后都已经随着墙塌而毁；再有，当时只有楷书可以入碑，这样草书又少了一个传播途径。张旭的作品流传下来的极少，这些作品中观赏性足、艺术水平高的名篇有《古诗四帖》《肚痛帖》《断千字文》等。

《古诗四帖》（图40）是张旭最具代表性的狂草作品，内容是抄写庾信的两首《步虚词》和谢灵运的《王子晋赞》《岩下一老翁四五少年赞》，共四首诗。在北宋的时候，这幅字帖被收入内府，但靖康之乱时散落民间，到了南宋被贾似道得到，明代到了项元汴手中，清代重新回到皇宫，现在藏在辽宁省博物馆。因为字帖上没有落款，所以一直有人怀疑是否张旭的真迹。历史上这幅作品曾长期被认为是谢灵运的作品，直到明末才由董其昌认定是张旭的作品。

《古诗四帖》在用笔上可谓精妙绝伦，张弛有度，粗细得体，能明显辨别笔迹的轨道；虽是草书，但笔迹绝不浮华，也不怪异，而是潇洒自在，随心所欲，不逾矩；笔势炉火纯青，斗转星移，动感中透着力度，笔锋中藏着剑气，圆转自如又刚健挺拔。你会感觉到书写者人笔合一，笔成了身体的一部分。

布局上看，字与字之间的笔画连接已经非常自然，有的时候两个字一气呵成，有的时候甚至感觉整行字都是一气而下。张旭注重字与字之间布局上的疏密搭配，所以有时候两个字看上去像是一个字，而一个字会像是两个字，这在之前的草书中是没有的。腾挪跌宕，意气连绵，字与字之间、行与行之间虽然参差不齐，但又相互制约，顾盼生辉，使得整篇作品浑然一体，气势非凡。

墨色上看，因为张旭多用中锋圆笔、侧锋绞转，加上行笔速度快慢飘忽不定，使得墨色时浓时枯，变化不定，对比强烈。这种墨色上的搭配，一来显示出一种流畅的气韵，二来布局上与笔画和结体相应，使得整篇作品和谐统一。

《古诗四帖》可谓是狂草里程碑似的作品，为人们提供了一种全新的书法艺术形式，作者可以更充分地传递自己的情绪，欣赏者同样极容易受到感染而沉浸其中。

墨

同毛笔一样，在中国，墨的历史也非常悠久。《述古书法纂》中记载“邢夷始制墨”，而邢夷是西周时的人，可见最早的墨可能出现在西周。

在中国古代，墨为固体，主要有墨丸、墨锭。墨丸是早期的墨，用的时候需要碾碎，然后加入水研磨。而墨锭是用油或者植物烧出烟来，再在烟中掺入动植物的胶以及其他配料制作而成，一般为长方体。

根据配料不同，墨主要分为油烟墨、松烟墨和选烟墨。油烟墨墨浓，有色泽，细腻且耐磨，是墨中的上等品。松烟墨容易发散，更适合作画。选烟墨是指用工业炭墨加上动物胶和香料制成的墨，价格便宜，是普通大众最常用的一种墨。此外，还有油烟墨和松烟墨掺到一起制成的松油烟墨。

怀素：满壁纵横千万字

怀素是张旭之后另外一位以狂草著称的书法家，人们常将两人并称为“颠张醉素”。

怀素，俗姓钱，字藏真，今湖南永州人。因为出身贫寒，很小便出家为僧。闲来无事时他喜欢笔墨书法。据说他以芭蕉叶代替纸张练字，光是芭蕉树就种了一万多棵；后来他又改用漆盘代替芭蕉叶，结果经年累月的练习把漆盘都给磨穿了，用坏的毛笔更是数不清。后来怀素四处游历，拜师学书，以书交友，结识了李白、王邕、窦翼、张谓、戴叔伦等人，见识大增，书法也突飞猛进，最终以狂草名震京城。

怀素的草书受张芝、张旭影响最大，尤其是张旭，不过他在学习前人的基础上也有自己的创新。怀素的草书主要有下面几个特点。

一是豪放不羁，无拘无束。草书最忌讳呆板和规矩，张旭的狂草是草书的一大突破，而怀素将这种突破更加彻底地向前推进。怀素的草书字体大小差距很大，“新书大字大如斗”“有时一字两字长丈二”；笔画变化多端，字与字之间的连接上也比过去更加流畅和肆无忌惮，可谓“字字飞动”“宛若有神”。

二是以心作书，物我两忘。一般的书法家在下笔之前，已经在心中大致规划好了该怎样写，才敢挥毫泼墨，这也是古人常说的“意在笔前”。但是怀素不同，虽然他也是先心中有“意”，后才下笔，但更多体现出来的还是那股随心所欲的洒脱。有人描述怀素在墙上题字时“忽然绝叫三五声，满壁纵横

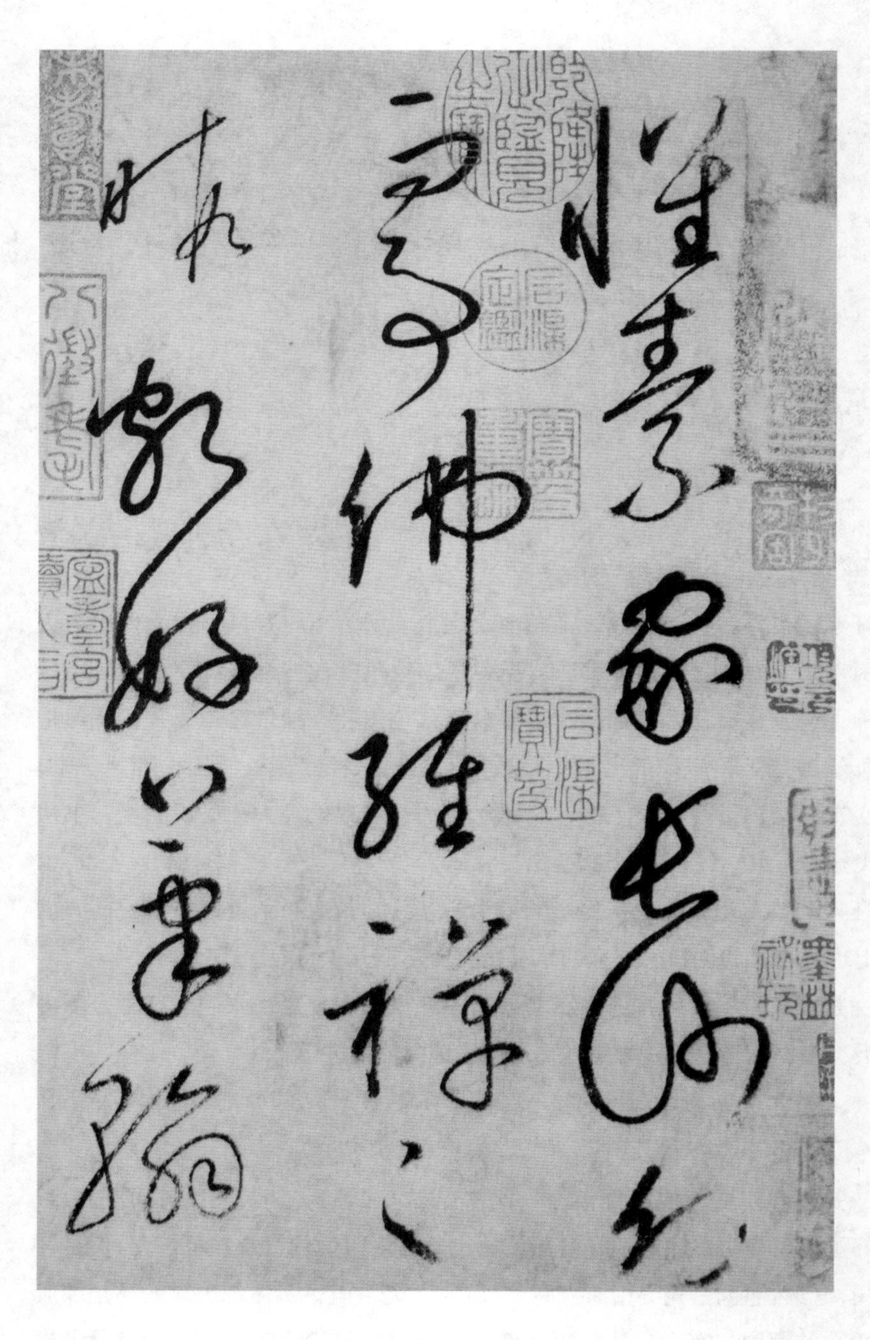

【图 41】 ［唐］怀素《自叙帖》（局部）

千万字”，但是“人人欲问此中妙，怀素自言初不知”。怀素在《论书帖》中也自述：“颠形诡异，不知从何而来，常不自知耳。”

三是迅疾豪迈。颜真卿评价怀素的草书：“纵横不群，迅疾骇人。”流畅自如是草书的基本要求，要想流畅就要求下笔快，特别是狂草，更要挥洒豪迈。而怀素下笔能快到“骇人”的地步。李白在《草书歌行》中描述他作书之快：“吾师醉后倚绳床，须臾扫尽数千张。”

四是以酒助兴。写书需要有“兴”，兴致来了才能出好作品，关于怀素写书的诗句中常出现“兴”这个词，更说明了“兴”的重要。怀素看到逸少的书法心想自己“何以到此”，不禁“甚发书兴”，这是有感而发，但更多的还是“酒酣兴发”。怀素因为嗜酒如命，又被称为“醉僧”。

怀素的传世作品有《苦笋帖》《食鱼帖》《论书帖》《自叙帖》《圣母帖》《真草千字文》等，其中最具代表性的是《自叙帖》(图 41)。

《自叙帖》共 126 行，约 700 字，现藏于台北故宫博物院。《自叙帖》历来评价颇高，文徵明曾评价该帖：“藏真书如散僧入圣，狂怪处无一点不合轨范。”东坡谓“如没人操舟，初无意于济否，是以覆却万变而举止自若”。此帖从笔法上看，逆锋起笔，中锋行笔，并且能一直保持到底；线条笔画虽细，但韧劲十足，十分有张力；行笔过程中停顿有致，别有韵味；下笔疾驰，如江河奔腾，一泻千里，气势非凡；气势上看，论开放性和肆意挥洒，都要胜过张旭，算得上是狂草作品中的极品。

李阳冰：斯翁之后，直至小生

汉唐之后，人们专攻楷书、行书和草书，写篆书的书法家几乎没有。但是到了晚唐，却出了一位以篆书见长的书法家李阳冰。

李阳冰约生于唐玄宗开元年间，字少温。李阳冰曾担任缙云县令，官至将作少监，因此也被称为“李少监”。李家当时是书香门第的大家族，李阳冰兄弟五人后来都在文字方面很有名气，尤其是李阳冰，擅长辞章，是个文学家，同时擅长书法，以篆书传世。

李阳冰对于自己的字极为自信，只唯小篆的祖师爷李斯马首是瞻，甚至对自己在篆书上的历史地位做出了“斯翁之后，直至小生”的评价。李阳冰能这么说，是有底气的。李阳冰的篆书与秦朝李斯的篆书有很强的传承关系。据说李阳冰起初学习李斯的《峄山碑》，大受启发。李斯的篆书笔画粗细均匀、婉转流畅，整齐划一又不失飘逸；笔画虽细但瘦劲有力，内含一股力道，人们将其称为“棉裹铁”。李阳冰在学习李斯的同时，对篆书进行了改革，结构上变得更严密，但更合乎自然，一转一动都气韵十足。再者，他的篆书线条极细，但是不失韧劲，犹如铁丝，被称作“铁线篆”。

李阳冰对于篆书的另外一个贡献是对篆书字形做了规范。秦朝在历史上十分短暂，所以对文字统一工作做得并不彻底，加上后来隶书、楷书、行书的兴起，人们渐渐放弃了对篆书的统一工作，这就导致同一个字在篆体中没有统一的规范写法，错误百出。李阳冰潜心研究，最后基本上解决了这个问

【图 42】　［唐］李阳冰《三坟记》（墨拓本局部）

题，对篆书贡献巨大。

李阳冰的传世作品极少，代表作是《三坟记》(图 42)。

《三坟记》也称《李氏三坟记》，由李季卿撰文，李阳冰书写，刻立于 767 年，碑文记载的是李季卿为他的三个哥哥改葬的事。此碑原石已经遗失，宋代重刻了一块，为竖方形，可惜碑身已经断裂，少数字受损，现藏于西安碑林。

《三坟记》用笔粗细均匀，婉转流畅，潇洒飘逸，圆笔明显要比秦朝时多；结体上，字体对称稳健，一改之前篆书上紧下松的特点，十分精妙；气韵上给人以严谨却又不失飘逸的感觉，算得上文采飞流。此碑文是李阳冰的巅峰之作，也代表了唐代篆书的最高水平。正如《宣和书谱》中所言："有唐三百年以篆称者，唯李阳冰独步。"

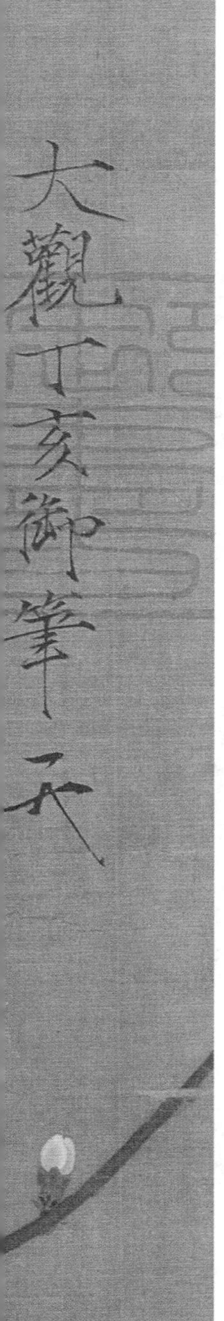

第四章

尚意书风，只做最真实的自己

（960—1279 年）

书法艺术发展到宋代，已经历经千百年，宋人不满足于单纯地讲究笔画、字体和布局，而是希望通过书法来挥洒意气，抒发心境，只做最真实的自己。

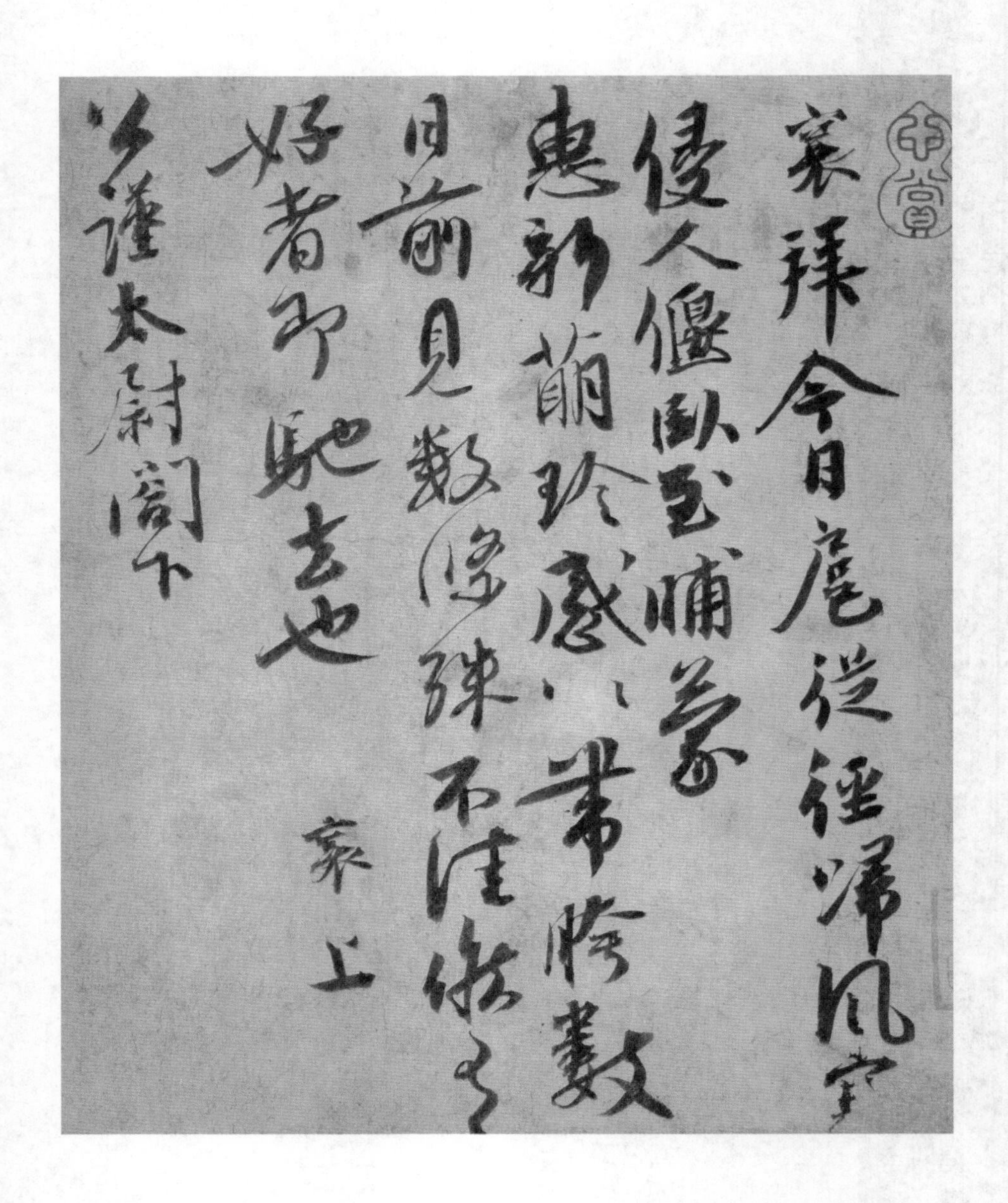

襄拜。今日扈從徑歸，風寒侵人，偃臥至晡。蒙惠新萌，珍感珍感。帶胯數日前見數家，殊不佳，致之好者，即馳去也。襄上。

公謹太尉閣下

【图 43】 ［北宋］蔡襄《扈从帖》

蔡襄：“尚意书风”的领路人

提起宋代书法，代表人物是苏、黄、米、蔡“四大家”，其中前三位分别是苏轼、黄庭坚、米芾，没有争议，但是其中的“蔡”是指谁，有人说是蔡襄，有人说是蔡京，争论至今，没有定论，但一般人们都认为是蔡襄。

蔡襄，字君谟，兴化军仙游（今福建省莆田市仙游县）人。同很多书法家一样，蔡襄在朝为官，并且官职不小。他 19 岁中进士，后官至端明殿大学士，曾出任过泉州、福州、杭州知府。官场上蔡襄是风云人物，在书法上他也是当时的领袖，对宋代书坛影响很大。据说就连当时的宋仁宗都非常喜欢他的书法。黄庭坚曾夸赞他说：“苏子瞻、蔡君谟皆翰墨之豪杰。”苏轼更是将其书法封为“本朝第一”。

蔡襄的楷书端庄沉着、温和厚重，又不乏姿媚，这一点主要是从颜真卿那里学来的，也兼有欧阳修、虞世南的影子；他的行书醇和柔美、和谐流畅，主要也是从颜真卿那里学来的；他的草书潇洒自如、精妙绝伦，也有前人的影子。但是，如果蔡襄只懂得跟随时风，那么写得再好，也不过是学得像罢了，他的厉害之处就在于能从跟随时风中解放出来，树立起了自己的风格。宋代初期，书法继续受“唐人尚法”风气的影响，还没有形成“宋人尚意”的风格。而蔡襄将唐人的书法放到更广阔的书法史中去比较，他发现唐人的书法不仅“尚法”，而且情感非常充沛。于是他走出当时的时风，上溯到晋唐，仔细研究众书法家，博采众长，融会贯通，最终自成一派。蔡襄几乎是凭借一人之力，依靠理论和实践，将宋代书法带入高潮，随后苏轼、黄庭坚、米芾三大书法家的出现，使宋代书法达到了巅峰，甚至可以与唐代的盛世书法媲美。由此可知，对于宋代书法，蔡襄的作用意义重大。

蔡襄在书法史上的成就和贡献还不仅限于他所生活的宋代，可能人们不会想到，唐代大书法家颜真卿也是蔡襄发掘的。颜真卿在唐代时更多是以参政知名，蔡襄凭借自己的影响力，极力推崇颜真卿的书法，并最终让大众接受了他。后来的苏轼、黄庭坚等人接过蔡襄的大旗，继续推崇颜真卿，让他在书法史上的地位一直高到仅次于王羲之。王羲之被称为“书圣”，而颜真卿被称为“亚圣”。

蔡襄的书法代表作有楷书《谢赐御书诗》《自书告身帖跋》《韩魏公祠堂记》，行书《纡问帖》，草书《陶生帖》，行草《扈从帖》（图 43），此外还有《洛阳桥碑》《昼锦堂记》等。

杨凝式

严格说，将唐代严谨的“尚法”书风带到宋代个性十足的“尚意”书风的过渡人物，是五代书法家杨凝式。

杨凝式是唐昭宗时的进士。907 年，后梁朱全忠想要废除唐哀帝，自立为王，便逼迫杨凝式的父亲、当时的宰相杨涉交出玉玺。杨凝式劝父亲不要交出玉玺。但唐代要亡已经是不可改变的事情。一想到杨家世代受唐代恩惠，现在却要亲手断送唐代的基业，杨凝式郁闷不已，万分痛苦。为了逃避现实，除了喝酒消愁、装疯卖傻，杨凝式把所有强烈的个人情感融入到了书法之中。他的草书气势恢宏，狂草纵横肆意，一改唐时书法法度森严的风格，从而为宋代书法强烈的个人书风打开了变革的大门。

一字一叹《寒食帖》

苏轼是中国古代文人中的大家，而他的书法成就也不在文学之下，与当时的黄庭坚、米芾、蔡襄（一说是蔡京）合称“宋四家”。

苏轼早年学书的时候跟其他人一样，也是从临摹大家之作开始，王羲之、王献之、颜真卿、柳公权、褚遂良、徐浩、李邕、杨凝式等人的作品都被他认真临摹学习过。在吸收众人长处的同时，他认为只有创新才能让一个书法家确立自己的风格，表达属于自己的感情，而不是重复别人的情绪。他曾说过：“自创新意，不践古人，是一快也。”在对传统书法技巧的掌握下，苏轼开始创新，最终形成了自己的风格。他的字下笔随意，丰腴扁卧，一派天真气息，深得“宋人尚意”的主旨。

宋代以前，书法家的风格大多以瘦劲取美，而苏轼则不同，他的字写得大，用墨浓，笔力浑厚，在纸上运笔如同在沙场上战敌，这样写出来的字虽然看上去肥腴，却一点都不臃肿，既有媚态，又显遒劲。在运笔技法上，苏轼也有创新：运笔的时候肘弯和肘紧贴桌面，主要靠手指运笔，这样写出来的字便像是卧在纸上一样。这样的技法别人也在用，但是用的人比较少，而且都是用在写小字上，因为小字需要运笔的幅度也小。而苏轼写大字的时候也用这种技法，笔尖和纸之间的角度随时都在变，再加上他扫刷般的力度，写出来的字气度不凡，自成一派。

苏轼的书法除了运笔、字体和布局上有特色，更大的魅力出自其中的天

年子病起頭已白
春江欲入戶雨勢來
不已小屋如漁舟濛
濛水雲裏空庖煮寒菜
破竈燒濕葦那
知是寒食但見烏

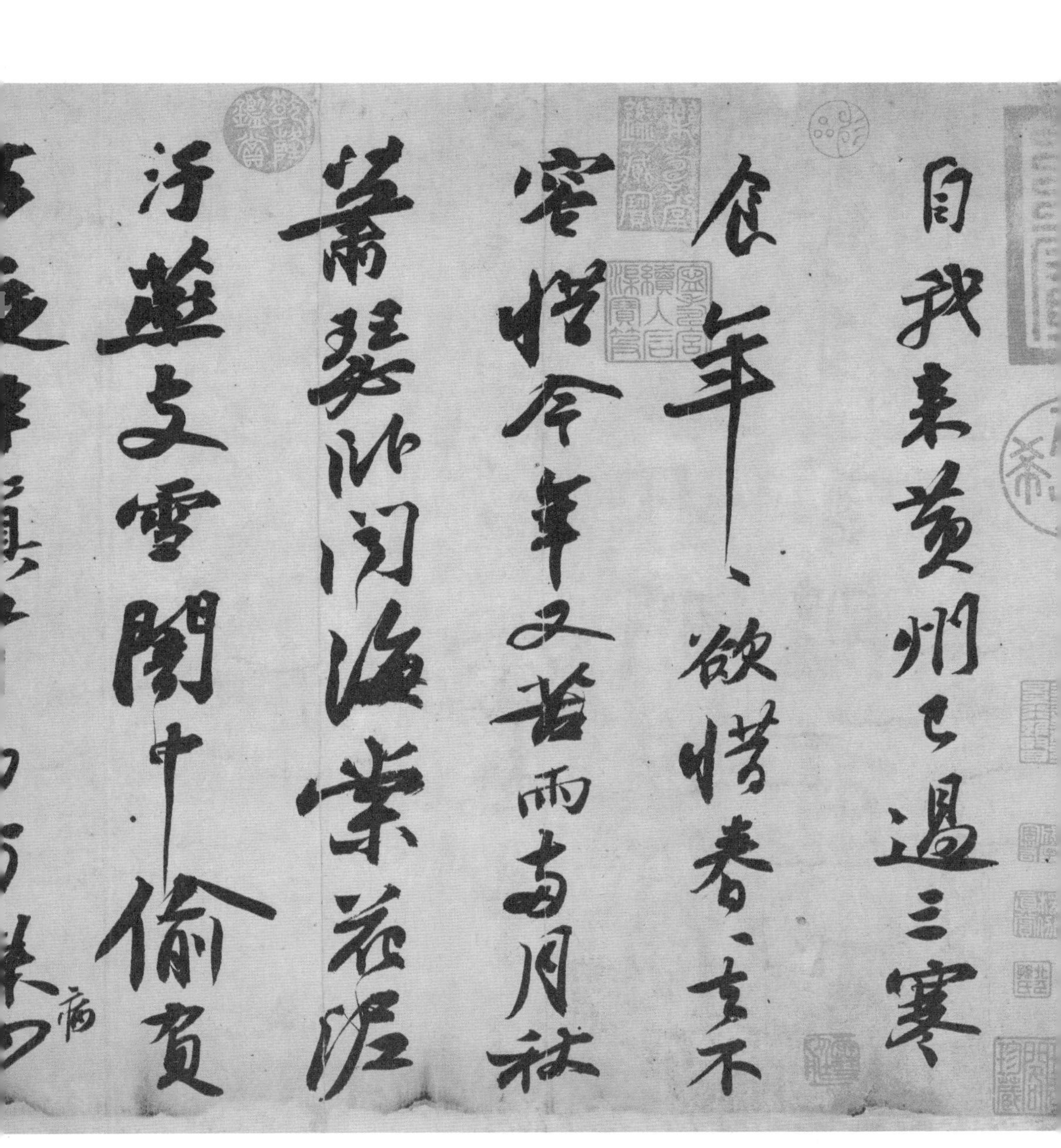

【图 44】　［北宋］苏轼《寒食帖》（局部）

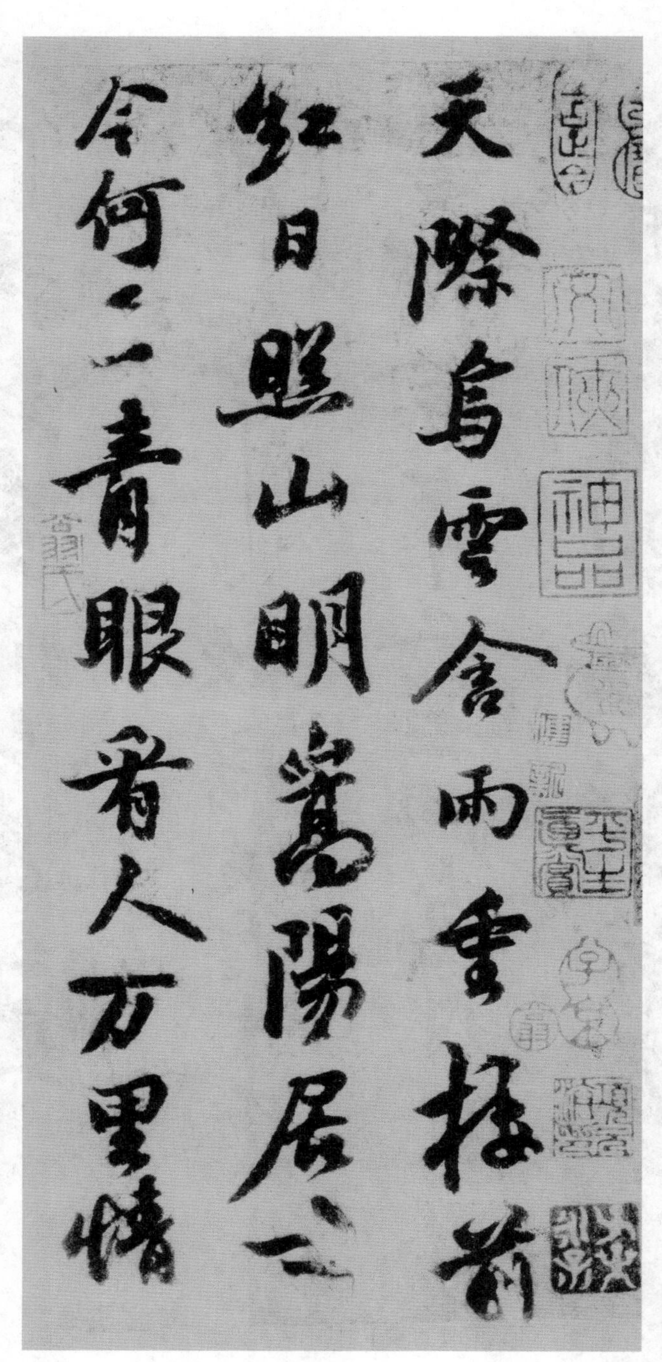

【图 45】 [北宋] 苏轼《天际乌云帖》

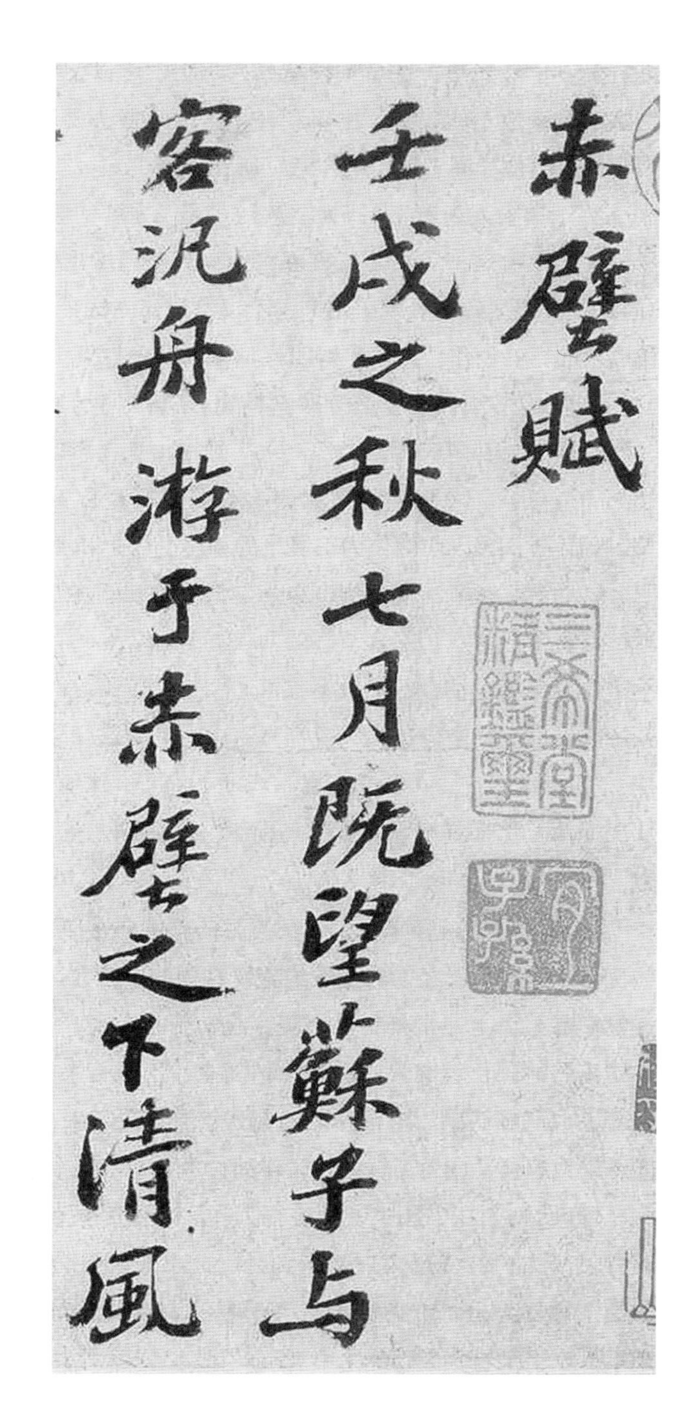

【图 46】　［北宋］苏轼
《前赤壁赋》（局部）

真自然、宁静淡泊。这是一种境界，非临摹可以学到。其实苏轼早年的作品更多的是豪放不羁，到了中年和晚年，他的书法风格才逐渐变得平淡致远起来，这也是他“尚意”中的“意”所在。

关于“宋人尚意”，何为“意”？“意”是作者内心感受和丰富联想在创作中的自然流露，是超越法度而更为深潜的艺术本质。苏轼用自己的笔，将“尚意”淋漓尽致地展现了出来，不仅给宋代书法带来了新风，还影响到了宋代以后的书法创作，尤其是对明代，影响巨大。

苏轼的书法代表作有《寒食帖》(图44)、《洞庭春色赋》、《春帖子词》、《爱酒歌》、《天际乌云帖》(图45)、《蜀中诗》、《醉翁亭记》、《前赤壁赋》(图46)、《一夜帖》、《滕王阁序》等，其中以《寒食帖》最为人所知，被誉为“天下第三行书”，前两位为王羲之的《兰亭序》和颜真卿的《祭侄文稿》。

《寒食帖》有25行，共129字，现藏在台北故宫博物院。此帖的内容是苏轼到黄州后第三年寒食节写的两首五言诗。第一首是：“自我来黄州，已过三寒食。年年欲惜春，春去不容惜。今年又苦雨，两月秋萧瑟。卧闻海棠花，泥污燕支雪。暗中偷负去，夜半真有力。何殊病少年，病起须已白。”第二首是：“春江欲入户，雨势来不已。小屋如渔舟，濛濛水云里。空庖煮寒菜，破灶烧湿苇。那知是寒食，但见乌衔纸。君门深九重，坟墓在万里。也拟哭途穷，死灰吹不起。”

单从诗句的内容来看，苏轼当时的心情非常凄凉、惆怅，开始还只是有些忧伤，到最后已经彻底变成绝望。这样的心境在这幅书法作品中也有体现。这幅作品整体上非常具有动态美。起初精心布局，越来越随心所欲，字形大小错落，笔画长短交叉，用墨浓枯随意，虽是行书，但偶有连笔，给人一种宛若天成的畅快感。整幅作品的起伏恰到好处地对应了作者心情的起伏，因此感染力超强，成为苏轼的代表作品，也是书法史上的伟大作品。

《寒食帖》在书法史上影响很大，后来黄庭坚在此诗后跋中称赞：“东坡此诗似李太白，犹恐太白有未到处。此书兼颜鲁公、杨少师、李西台笔意，试使东坡复为之，未必及此。”董其昌也在跋中称赞：“余生平见东坡先生真迹不下三十余卷，必以此为甲观。”

寒食节

寒食节在古代也叫“禁烟节”，设在冬至节后的第105天。在这一天，家家禁止生火，只能吃冷食。相传这个节日是春秋晋文公为了纪念介子推而设的。

介子推是晋文公重耳的臣子。晋国发生内乱时，介子推随重耳一起逃难。在逃难途中，介子推曾割下大腿上的肉给重耳充饥。重耳知道后大为感动，当即表示他日若能登上王位，必会报答介子推。但当重耳当上晋文公后，介子推却坚决不接受晋文公的封赏。他带着母亲逃到了绵山。晋文公带着手下在绵山搜寻介子推，因为一直没有搜到，一气之下，采用了他人推荐的“烧山之计”，想逼迫介子推出来。不料介子推终究没有出来，而是抱着一棵树被烧死了。晋文公很后悔，就规定这一天为寒食节。

黄庭坚："第二名"的觉悟与修养

黄庭坚，字鲁直，洪州分宁（今江西修水）人，是宋代文坛和书坛上继苏轼之后的另外一位大家。他诗文书画样样精通，诗歌方面与苏轼并称"苏黄"，词作与秦观并称"秦黄"，书法上与苏、米、蔡并称"宋四家"。

黄庭坚与苏轼关系密切，书法深受其影响。黄庭坚担任国子监时，默默无闻，苏轼看了其诗文之后，认为"超逸绝尘，独立万物之表，世久无此作"，很快黄庭坚便名声在外。黄庭坚感谢他的知遇之恩，投靠到他门下学习，是当时的"苏门四学士"之一。两人亦师亦友，黄庭坚在艺术审美和独创精神方面都有苏轼的影子，因而他自觉做个"第二名"的好学生。

与苏轼这样的天才不同，黄庭坚扎扎实实临摹古人作品，在参透古人的精神之后，再加上自己的感悟，完成创新。黄庭坚临摹的书法家作品非常多，各个朝代，各种门派，他都临摹，可谓博采百家。他最欣赏的是魏晋书法家，钟繇、"二王"自然少不了，其他如智永、颜真卿、柳公权、李邕、张旭、怀素、杨凝式，以及与自己同时代的苏轼、周越、苏舜钦等人之作，都是他的临摹对象。

黄庭坚临摹与他人不同，他讲究用心体悟。他的临摹并非一笔一画地照写，更多的是看和想。他看帖时，主要看神韵，笔画是次要的。他认为："古人学书不尽临摹，张古人书于壁间，观之入神，则下笔随人意。学字既成，且养于心中无俗气，然后可以作示人为楷式。凡作字须熟观魏晋人书，会于

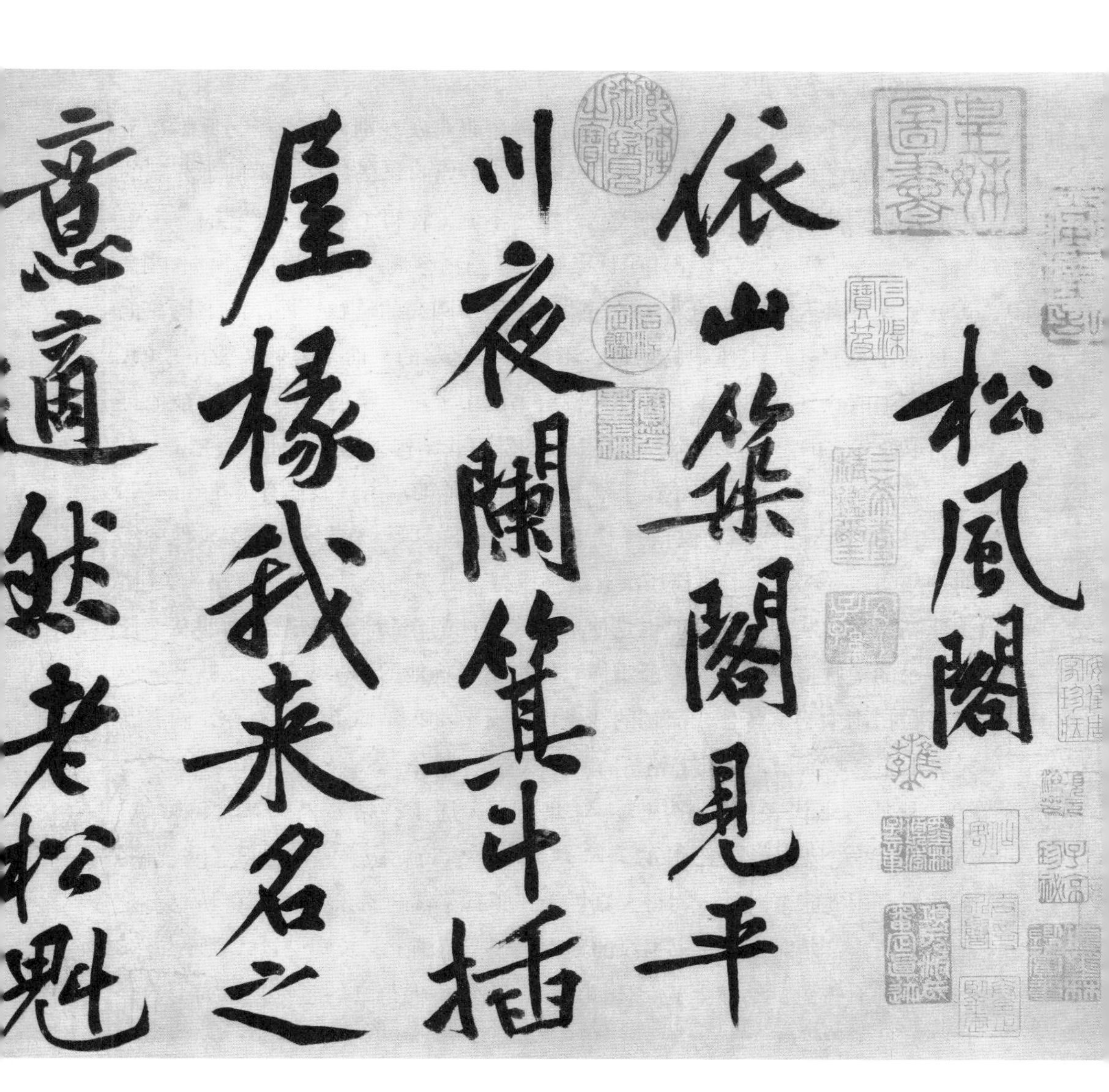

【图 47】　［北宋］黄庭坚《松风阁诗卷》（局部）

心，自得古人笔法也。”

黄庭坚虽然临摹百家，但在他的作品中很难发现别人的影子，原因在于他博采百家之长并融会贯通，最后体现出来的是自己的风格。不同于苏轼的闲庭信步，黄庭坚的创新飞扬跋扈、桀骜不驯，称得上叛逆。传统的书法用笔讲究提按使转，而黄庭坚用笔线条险劲，扫刷感强，给人极大的视觉冲击。黄庭坚推崇晋人和唐人的书法，而晋唐书法中圆润的笔触、浑厚的书风在他这里却不见了。他书风中的劲道，不像是用笔写的，而是刀劈斧凿出来的，在魏碑中能找到些许体现。此外，晋唐书法中求正求稳的和谐局面也被他打破，取而代之的是内密外疏、张力十足的发散式结构，想象力让人震撼。

黄庭坚的书法成就主要在于草书和行书。他的草书代表作有《花气诗帖》《李白忆旧游诗卷》《诸上座帖》《杜甫寄贺兰铦诗》等。《花气诗帖》是他中年时的作品，俊逸潇洒，风格还没有最终成型，更多的还是在走传统路线。《诸上座帖》是他晚年的作品，也是他最具代表性的作品。此帖是他为朋友李任道抄录的禅师语录，内容晦涩难懂，但这不影响他的书法发挥。此帖下笔肆意，在扫刷中起承转合，流畅的线条中富有节奏；结体上字态百变，偶有断笔，但不影响流畅；布局上错落有致，气势非凡。

他的行书代表作有《华严疏》《寒山子庞居士诗帖》《黄州寒食诗帖跋》《戎州帖》《松风阁诗卷》(图 47）等。《黄州寒食诗帖跋》是给苏轼《寒食帖》的题跋，用墨时浓时枯，写得天真烂漫，颇有苏轼的韵味。《松风阁诗卷》是他晚年所作，是对自己行书书风的集中展现。笔画上，长短交错，秩序井然，线条拙朴有古意；结体上，字体倾斜，一副妙手偶得之的感觉；布局上，穿插精妙，天衣无缝。有人将《松风阁诗卷》称为“黄书第一名作”。

米芾：积古成家，化为己有

米芾是书法史上的一个另类，他像当时很多书法家一样，也曾为官，但他没有参加过科举，依靠的是家里和皇族的关系——他的母亲曾经做过英宗皇后高氏的乳娘。另外，他做的都是些无足轻重的小官，政绩上也没有什么作为。他的名气一是来自书法上的成就，二是来自疯癫的个性，人们常称其为“米颠”。

米芾个性癫狂，常做出些怪诞的事情。一次，宋徽宗召蔡京讨论书法，中途的时候又派人去把米芾召来，让他写一幅大字。米芾发现桌案上的砚台是端砚，十分名贵，写完字后便把砚台抱在怀里，说：“这个砚台刚才被我用过，已经污染了，不能再给皇上用了。”宋徽宗不禁大笑，说那就赐给你好了。米芾一听，高兴得手舞足蹈，谢过之后便抱着砚台跑了，也不顾墨汁洒在袍子上。宋徽宗对蔡京说：“这个米芾，真是疯癫！”除了举止疯癫，米芾还喜欢穿些怪异的服装。他给自己做了一顶帽子，没事便戴着，因为帽子太高，进不了轿子，他便让人把轿子顶给卸了。

米芾虽然举止和精神看上去都不正常，但在书法上却表现出了非凡的天赋，摆脱束缚，追求自由，自然率真，让人钦佩。米芾正是凭借自己书法的个性鲜明，被同苏、黄、蔡并列，合称“宋四家”。苏轼称赞他的作品：“如风樯阵马，沉着痛快，当与钟、王并行，非但不愧而已。”黄庭坚称赞他的作品：“米元章书，如快剑斫阵，强弩射千里，所当穿札，书家笔势，亦穷于

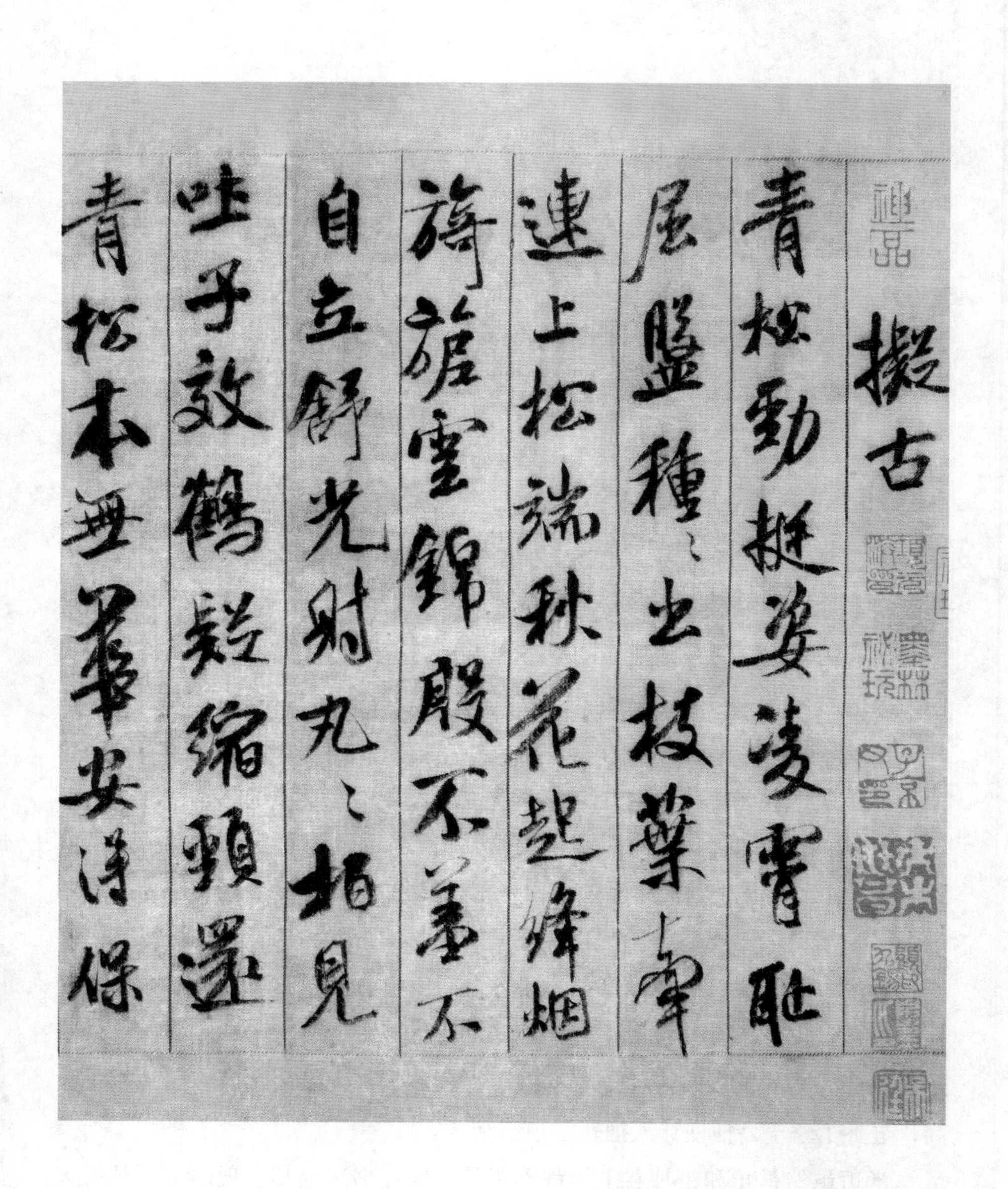

【图 48】　［北宋］米芾《蜀素帖》（墨迹绢本局部）

此。”清代郑燮称赞他的作品：“神出鬼没，不知何处起，何处落。其颠放殆天授非人力，不能学不敢学。”

米芾学书从临摹古人入手，非常用功。他因为身份关系，得以出入内府，有机会见到很多名家作品。他临字的时候与平时的疯癫状态判若两人，非常认真，一笔一画都不肯出错。他也因此练得了一手临摹的绝技，据说他临摹的字常常以假乱真，甚至分不清哪个是真迹、哪个是仿作。

米芾的用笔可以概括为八个字：侧笔为主，八面出锋。

米芾善用侧笔，因为笔与纸有一定角度，所以写出来的字笔锋更加外露，线条峻拔，这一点明显有别于圆润笔画中的藏锋，让人眼前一亮，印象深刻。用侧笔的同时，他又刻意加强了笔毫的变化，提按转折，八面出锋，极大增强了表现力。米芾的手法非常灵活，在端庄和松弛之间来回游走，游刃有余，控制力非常强。正是因为如此，他的笔端变化才会如此之丰富又不至于混乱，这一点是一般书法家所不及的。扎实的基本功，自然率真的性格，让米芾下笔极快，并且下笔动作幅度大，给人感觉是在刷字，而非写字。

章法上，米芾的书法个性也很明显。米芾书法从晋唐中汲取养分，但是一反晋唐书法的端庄平稳，喜欢呈敧侧状。他的敧侧并非整体向一侧偏，而是每个字都有自己的敧侧，自成一体，而又能保持整体上的和谐。再者，字体大小随意，姿态不一，自然。这使他的书法显得起伏跌宕，但又有一股天真趣味在其中。

意蕴上，米芾以疯癫著称，他的书法中呈现出来的正是这种不拘一格的痛快感，是一个人在渴求摆脱羁绊，渴求内心获得释放，几乎做到了“宋人尚意”的极致。如果为宋代尚意书法挑选一位极致的代表，非米芾莫属。

米芾除了书法水平极高，在书论方面也著作颇多，有《书史》《海岳名言》《宝章待访录》《评纸帖》等。在这些著作中，米芾对之前许多名家如颜真卿、柳公权、张旭、怀素等大胆点评，这也与他的性格正好相符。

米芾是“宋四家”中留下作品最多的一位，代表作有《苕溪诗卷》《蜀素帖》《方圆庵记》《天马赋》等，其中尤以《苕溪诗卷》《蜀素帖》（图48）有名。

书法形制

书法形制也叫书仪，是书法作品的装裱形式。常见的书法形制有10种，分别是中堂、匾额、条幅、对联、手卷、斗方、册页、扇面、条屏和尺牍。

中堂因挂在客堂中间而得名，多写福禄寿龙虎等有吉祥寓意的大字，左右配以对联。匾额又称横披，一般挂在门上方、屋檐下，多用于写斋、堂、轩、馆名称或格言。条幅又称立轴，一般有两种形式，一种是写成两行或三行，另一种是居中写一行。对联，也称楹联、对子，因古时多悬挂于楹柱而得名。对联分为上下两联，右边的为上联，左边的为下联。手卷为横幅，不能悬挂，只能放在桌上用手展开阅读，故名手卷。又因窄长，故又名长卷。手卷既可以是多幅独立的字联结而成，也可以是多位书法家共同创作而成。斗方的尺寸为中堂的一半，通常为正方形，规格为一尺见方。斗方书写内容一般是四行至六行。册页由一张张对折的硬纸板组成，裱成册以便翻阅，内容既可以是连贯的，也可以是独立的。扇面，顾名思义就是如扇子形状的一个面。扇面有团扇与折扇之分。一般有三种书写方式，只用上端，下端不用；写少数字；上端依次书写，下端隔行书写。条屏，条幅的复制版，用于书写一组文字，悬挂于中堂。一般为双数，少则两条，多则十六条，但以四条屏最为多见。尺牍，也称手札、帖，在纸张发明之前，因常书写于长在一尺左右的木简而得名。这种作品字体较小，随意洒脱，是书法作品最传统的一种形制。

蔡京：写得一手好字，却做了奸臣

宋代书法史上，蔡、苏、黄、米四人被称为“宋四家”，其中苏轼、黄庭坚、米芾没有争议，但其中的“蔡”是指蔡襄还是蔡京，颇有争议。有人认为，蔡京因为被历史记载为奸臣，所以人们将其从中去除，以蔡襄取代。

但支持“蔡京说”的人主要理由有三个。一是蔡京的书法水平要比蔡襄更高，更富创意。蔡京以楷书见长，笔法稳健又不乏姿媚，沉着中见豪爽。相对而言，处于宋代早期的蔡襄笔法中更多是对前人的继承，偏传统，这与宋代人的创新和尚意不太切合。相对于另外三家，蔡京风格更接近宋风。二是蔡京的书法在当时就已经非常有名，被誉为大家。当时很多人，包括在朝为官的大臣，都学习蔡京的字。宋代评论家称其书法：“其字严而不拘，逸而不外规矩，正书如冠剑大人，议于庙堂之上；行书如贵胄公子，意气赫奕，光彩射人，大字冠绝古今，鲜有俦匹。”三是蔡襄的书法随着后来名家辈出名声渐弱。伴随着宋代书法越来越成熟，越来越有自己的特色，人们对蔡襄的书法“颇有异论”。争论还没有定论，但无论如何，蔡京的书法成就是不可否认的。所以，我们有必要了解蔡京及其书法作品。

蔡京，字元长，兴化仙游（今福建省仙游县）人。蔡京年轻时居住在杭州，因为奉承大臣童贯，得到推荐，从此在仕途上青云直上。蔡京执政前后达二十多年，历经宋神宗、哲宗、徽宗几代皇帝。徽宗在位的时候，他被弹劾为“六贼之首”。后来被钦宗贬到岭南，死于湖南长沙。《宋史》中蔡京被

【图 49】 ［北宋］ 赵佶《听琴图》（局部，蔡京作跋）

放在奸臣列传中，因此后世的人们都把他当作奸臣看待，他的政绩包括书法上的成就被一笔抹掉。

蔡京的书法受米芾影响很大，早在他为官之前，他便认识米芾，两人交往很深。米芾说："我识翰长（指蔡京）自布衣，论文写字不相非。"不过到了后期，这种关系就变味了。蔡京进入官场，仕途平步青云，这时两人再没有了之前的那种交流。米芾还当着宋徽宗的面贬蔡京，说："蔡京不得笔，蔡卞得笔而乏逸韵，蔡襄勒字，沈辽排字，黄庭坚描字，苏轼画字。"

蔡京的作品传世的不多，有楷书《赵懿简公神道碑》，行书《听琴图跋》（图 49）、《十八学士图跋》、《宫使帖》等，从中可以看出蔡京的书法特色。从笔画上看，用笔求简，有一股萧索的味道，但又不乏温婉；线条流畅自然，飘忽空灵，可以看出作书的时候非常放松自然，又带着一股俏皮。从书风上看，杂学百家，各个门派都有涉猎，尤以楷书和行书见长。

锋芒毕露瘦金体

赵佶，即宋徽宗，宋代第八任皇帝，1100年至1125年在位。赵佶虽然是一国之君，但他喜欢舞文弄墨胜过政治军事。他在位的时候，国家内忧外患，战乱不断，而他把心思都放在书画和道教上，把国家交给几个庸臣去打理，最后导致亡国。他的下场也非常惨，被金兵掠到北方，囚禁将近十年，最后死在异国。

宋徽宗在治国上是个昏君，但在艺术上却很有建树，无论是书法还是绘画（图50），水平都相当高，在艺术史上占有一席之地。

赵佶的书法以自创的瘦金体最为有名。他的书法起初学唐代的薛稷和当代的黄庭坚，草书上学习怀素，后来他受唐代薛曜的《夏日游石淙诗并序》启发，同时掺以画兰竹的笔法，自创了瘦金体。这种字体的特征是，运笔直劲，如刀刃金钩，横笔收笔时很果断，且收笔会带钩，竖笔瘦劲，多以点画收笔；结体上中宫收紧，内密外疏，看上去有点像兰竹。这得益于赵佶的画家身份，因为他本身是个画家，喜欢画兰竹。

赵佶瘦金体的代表作是1104年赐给大臣童贯的《楷书千字文》(图51)。《千字文》是古代的儿童启蒙读物，历代书法家喜欢以此为题材，进行创作，比如智永的代表作便是《真草千字文》。赵佶的这件作品用瘦金体写成，笔画瘦劲规整，仿若有金戈铁马之势，是中国书法史上楷书名作中比较有特色的一件。

赵佶的瘦金体无论从笔画上还是结体上看，都算是独树一帜，具有开创性。但是这种字体也明显存在很多弊端。这种字体乍一看让人眼前一亮，非常醒目，但是一会儿就会出现审美疲劳，因为它千篇一律，缺乏变幻与韵味。

赵佶的书法创新过于追求技巧，“瘦金体”便是一种技巧的产物，笔画较之前楷体虽然变化不小，但变化是固定的，不同的字只是这些变化后的笔画不停重新组合而已，忽略了更重要的内在精神。

书法对于赵佶而言，并非单纯的一项个人爱好，他还制定了一些和书法有关的政策，推行书法，对中国书法艺术的发展贡献极大。早在西晋时期，政府便设置了秘书监，设弟子员，教习书法。到了唐代，政府更加重视书法，在国子监设立了专门的书法学校。不过，唐代灭亡之后，历经混乱的五代十国时期，这些制度都已经被废除。直到 1104 年，宋徽宗重新恢复书学，任命米芾为书学博士。1110 年，宋徽宗又设翰林书艺局，这是历史上第一个把书法当艺术来管理的官方的书法机构。后来，书艺局中设立了书法培训班，专门招揽和培训书法人才，课程包括各种字体。难能可贵的是，这个培训班鼓励创新，认为有自然形态和神韵，不专临摹古人的作品是最好的作品。

宋徽宗之前，和书法有关的政策制定主要是把书法当作一门技术，为科举考试和日常行为制定规范，偏重于实用性，而宋徽宗则将书法纯粹当作艺术来看待，这在书法史上意义重大。

瘦金体

瘦金体起初被称作“瘦筋体”，因为筋骨瘦劲。但是赵佶贵为皇帝，人们出于对他的尊重和逢迎，便将“筋”改为了“金”，成了瘦金体。古代多用“金”来形容与皇帝有关的事物，如“金口玉言”“金枝玉叶”；再比如，五代南唐后主李煜的书法被称为“金错刀”。“金”字既体现了瘦金体的线条锋芒毕露，也体现了其字体的华丽贵气。

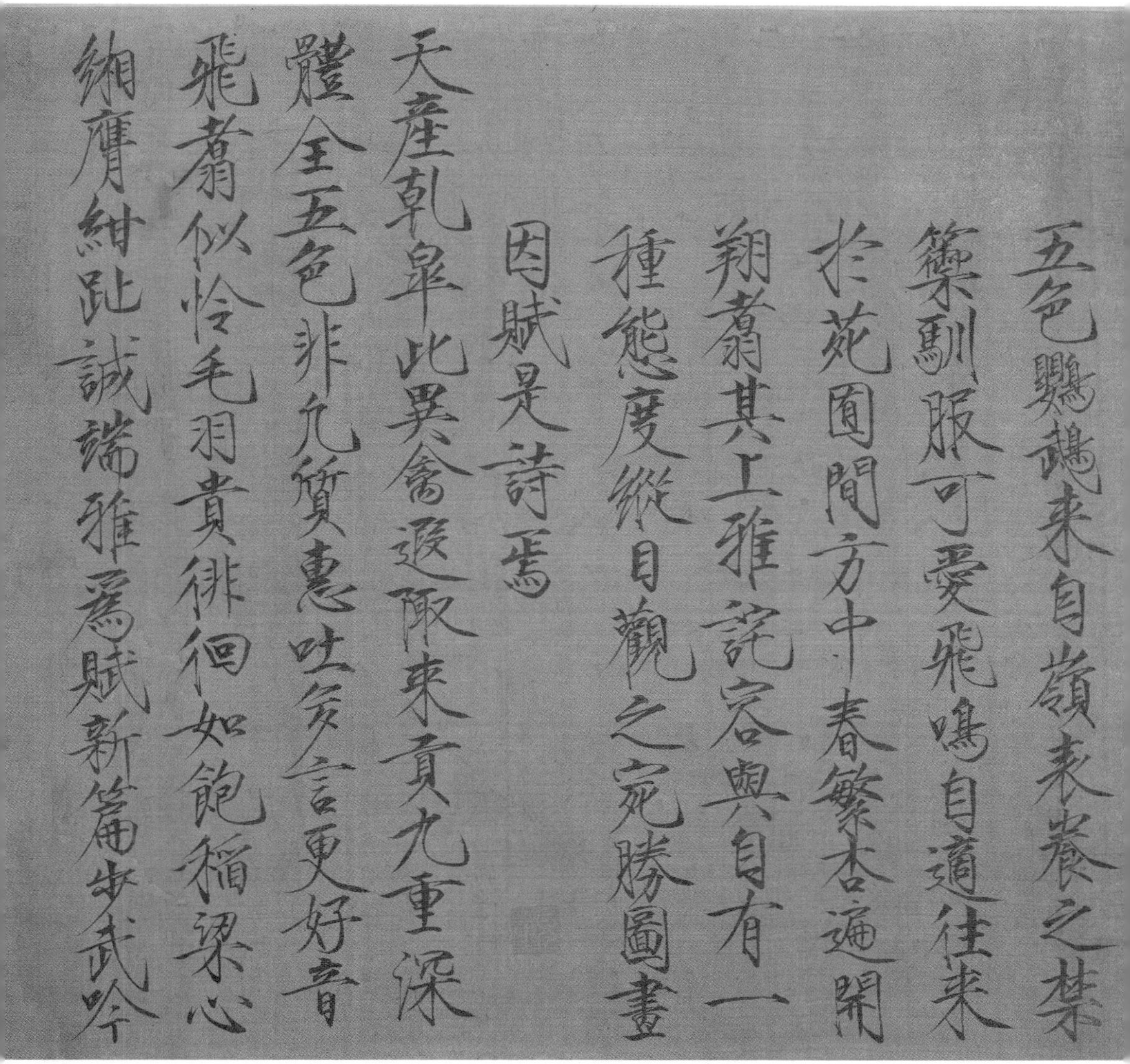

五色鸚鵡來自嶺表養之禁
籞馴服可愛飛鳴自適往來
於苑囿間方中春繁杏遍開
翔翥其上雅詫容與自有一
種態度縱目觀之宛勝圖畫
因賦是詩焉
天產乾皋此異禽遐陬來貢九重深
體全五色非凡質惠吐多言更好音
飛翥似怜毛羽貴徘徊如飽稻粱心
緗膺紺趾誠端雅爲賦新篇步武吟

【图 50】　［北宋］赵佶《五色鹦鹉图》

遜國有虞陶唐弔民伐罪
周發商湯坐朝問道垂拱
平章愛育黎首臣伏戎羌
遐邇壹體率賓歸王鳴鳳
在竹白駒食場化被草木
賴及萬方蓋此身髮四大
五常恭惟鞠養豈敢毀傷
女慕貞絜男效才良知過
必改得能莫忘罔談彼短

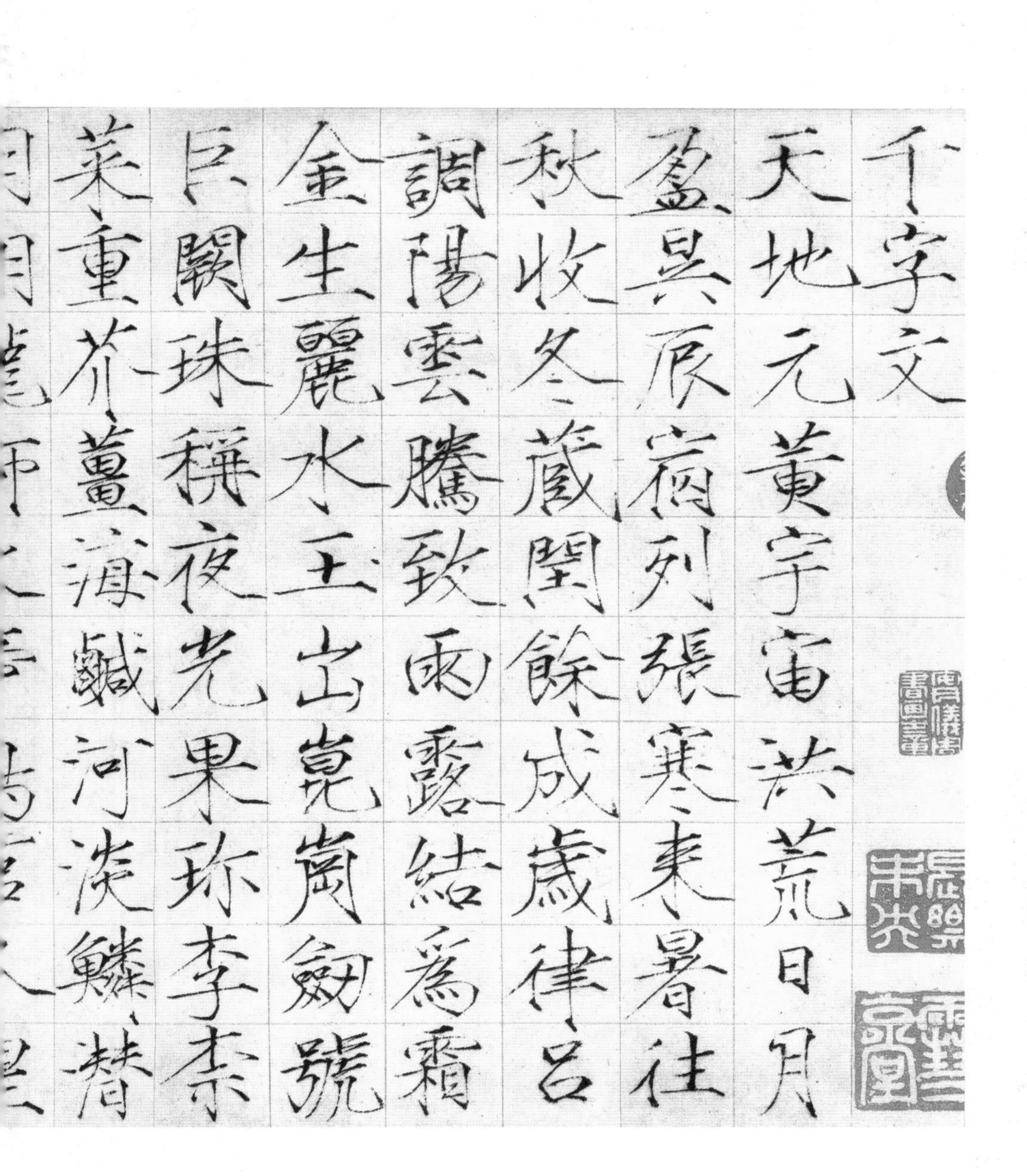

【图 51】　［北宋］赵佶《楷书千字文》（局部）

蔡羽

衡門晝長掩春
艸綠於積黨有
問字迴朝來見
行迹　王寵

百尺飛泉下遠岡隔溪
灌木奏笙簧杖藜行過
溪梁去萬綠陰中有草
堂　師道

人精相看二十年丹云著
筆投依然白頭然筆間
携去莫是聰明不及前
己未中元徵明重題

第五章

书画合流，师祖宗之法

（1206—1644年）

元初赵孟頫开创了书法主导绘画的先河，又极力主张效法古人，他对元明两代的书法产生了极大影响。自从唐代开启了帖学，帖学一直是书法艺术的主流。进入明代后，帖学日益流于形式主义，美则美矣，但无灵魂。书法艺术走入了死胡同，渐无生气。

【图 52】 ［元］赵孟頫 管道升《鸥波亭图》

赵孟頫：上凌两宋，下视明清

赵孟頫是宋末元初的大书法家，特殊的时代背景，让他经历了同蔡京相似的遭遇。他是宋代皇族后裔，且入朝为官，却在宋代灭亡之后又为元代效力，被人认为不忠。正是因为如此，他的书法成就受牵连，被刻意贬低。不过，赵孟頫要比蔡京幸运得多，人们对赵孟頫大体上还是能客观公正看待的。赵孟頫的书法，尤其是楷书，得到人们推崇，被称为“赵体”，他也因此被列为“中国四大楷书家”。

赵孟頫，字子昂，号松雪道人，湖州（今浙江吴兴）人。宋太祖子秦王赵德芳的后裔，宋代灭亡之后，他在元代官至翰林学士承旨。赵孟頫博学多才，精通音乐、诗词、绘画、篆刻等，当然最擅长的还是书法。

北宋的书法在苏轼、黄庭坚、米芾等人的带领下，极其旺盛，发展出了“尚意”的书风。但是到了南宋末期，这股势头变得疲软衰弱。元代入主中原之后，更加摧残了书法的发展。此时的赵孟頫决定站出来，挽回书法颓败的局势。赵孟頫打出复古主义的旗号，提出回归对晋唐书法的学习。中国书法最注重的两点，一是“形”，一是“意”。唐人尚法，唐代书法十分严谨；晋人尚韵，晋代的书法韵味十足。宋人的书法是从晋唐书法中发展出来的，所以，赵孟頫重新回归晋唐，从根本上对书法的技巧和意蕴进行梳理和学习，而非简单地从宋人那里临摹描绘。

赵孟頫的努力见到了成效，很多跟他志同道合的书法家，如鲜于枢、邓

【图 53】 ［元］赵孟頫《画山水轴》

文元、管道升［赵孟頫的妻子，二人创作了《欧波亭图》（图 52）］等也都加入到尚古的学习和创作中，使得元代的书法得到振兴。赵孟頫自己也身体力行，从晋唐书法中汲取养分，并运用到自己的创作中，成为一个大书法家。

赵孟頫五岁开始学习书法，有人曾说："魏公于古人书法之佳者，无不仿学。"赵孟頫不仅临习范围广，而且功力深厚，据说他"一日写万字"，可以以假乱真。据元代柳贯记载，当初赵孟頫临写了颜真卿、柳公权等几个人的字帖，然后让人拿出真迹来比对，结果发现几乎一模一样。甚至，有的字写得神采飞扬，胜过真迹。有人问他为什么临得如此相像，他谦虚地说不过熟练了而已。

赵孟頫擅长各种书体，楷书、草书、隶书、篆书、行书，样样精通。

草书方面，自从魏晋之后，章草几乎断绝，而赵孟頫通过自己的学习和创作，将其重新带回到大众的视野中。不仅如此，他还对章草进行改革，加入了今草和行书的一些笔法，让人耳目一新。赵孟頫的草书代表作有《真草千字文》。

行书方面，赵孟頫下笔有活力，运笔洒脱，结体端正，布局开朗，气韵上秀丽干净，有一种月下清水般的通透感。他的很多行书作品都是给书画作的跋文，如《画山水轴》（图 53）。赵孟頫是中国历史上第一个集诗书画于一体的人物，也开创了世界上独一无二的文学与绘画视觉艺术相结合的先例。从此，以书法入画、书画合流成为后世众多书法作品的主要呈现方式。

真正奠定赵孟頫书法地位的，是他的楷书，他也因此被列为"中国四大楷书家"，与欧阳修、颜真卿、柳公权齐名。楷书在唐代建立了森严规范，铸就了巅峰时期。而在唐楷之后，只有赵孟頫遥接唐人，上凌两宋，下视明清，在楷书史上又树立起一座丰碑，乃至被后人评为"上下五百年，纵横一万里，举无此书"。由此足见赵孟頫楷书的成就和影响。

赵孟頫的小楷代表作有《汲黯传》《洛神赋》《无逸篇》《过秦论》等。《洛神赋》书风清新秀丽，笔法和章法都有王羲之的神韵。《汲黯传》（图 54）是赵孟頫评价最高的小楷作品，元代的倪瓒称赞道："子昂小楷，结体妍丽，用笔遒劲，真无愧隋唐间人。"明代的文徵明说它是"楷法精绝"。清代笪重光

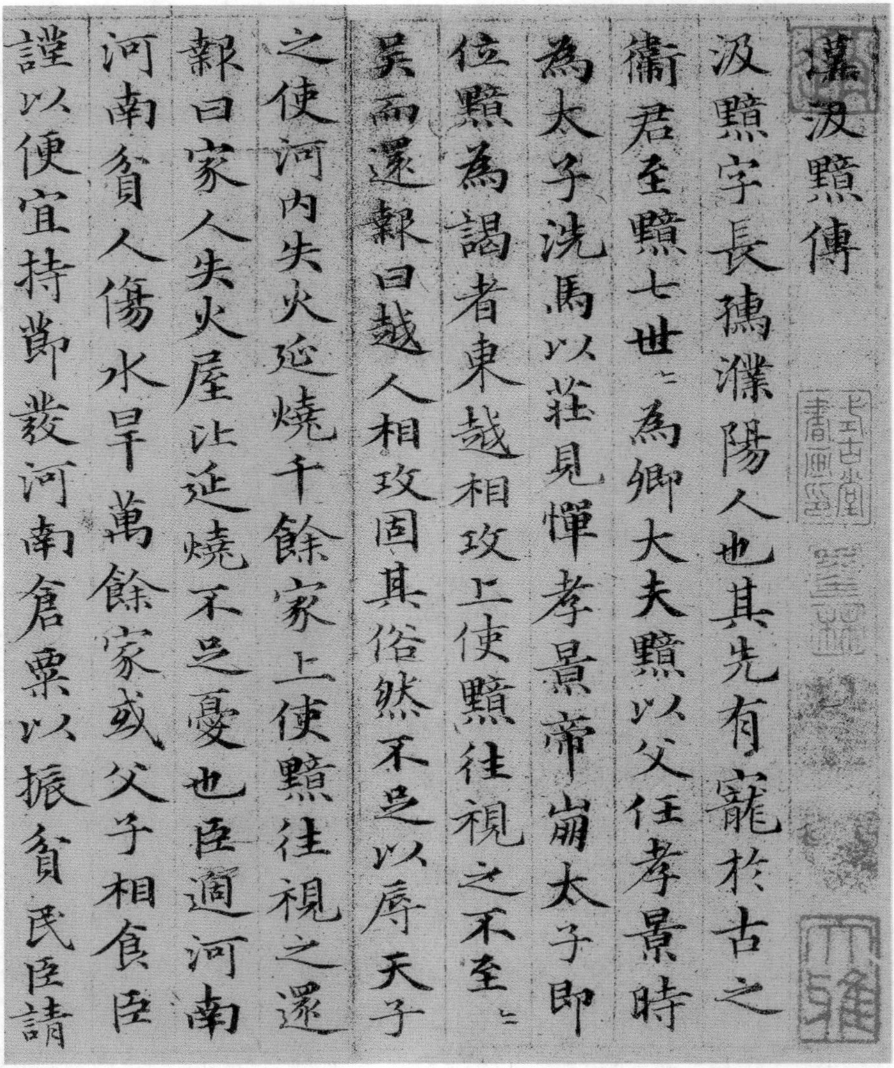

【图 54】　［元］赵孟頫《汲黯传》（局部）

评价："字形大小，无不峭拔云唐人遗风，其源乃出于山阴耳。"

赵孟頫的大楷主要学习颜真卿和李邕，也从别的书法家和民间汲取了部分营养。他的楷书特点被归纳为"楷中带行，流动飞舞，矫劲多姿"，以及"颜筋柳骨，铁画银钩"，人称"赵体"。

《妙严寺记》是赵孟頫的大楷代表作。《妙严寺记》全称《湖州妙严寺记》，据落款"中顺大夫扬州路泰州尹兼劝农事"可知，创作这件作品时，赵孟頫正在泰州任职，由此推算，当时赵孟頫的年龄在58岁到61岁之间。此时他的书风已定，笔法更加熟练，算是创作的黄金时期。这件作品中，我们既能看到他对传统的吸收，又能看到他在传统之上的创新。笔法上看，多用方笔，内含圆意，下笔放肆，但不失厚重，偶有连笔，行书痕迹会时有展现，线条流畅，温和感人。结体上看，处处严谨，这与他尚法唐书有关，也与他自己的经历和处世态度有关。字体修长，有晋人风骨，中宫收紧，外延略疏，有一股严谨又不失洒脱的感觉，让人心生敬仰。《妙严寺记》雍容典雅，清秀又有活力，明代李日华称赞道："有泰和之朗，而无其佻；有季海之重，而无其钝；不用平原面目，而含其精神，天下赵碑第一也。"

赵孟頫的楷书很多被刻成碑文传世，如《胆巴碑》《玄妙观重修三门记》等。可能与碑文这种载体有关，这些楷书笔法稳健、结体端庄、布局庄严，是"赵体"最典型的体现。其中《胆巴碑》是赵孟頫晚年的作品，笔法圆润，内含筋骨，起承转合流畅；结体均匀规范，典雅秀丽。那时他的书法技巧已经非常熟练，下笔随意，炉火纯青。

赵孟頫的书法，是在继承传统的基础上创新，无论哪种书体都能向上找到师承。他的行书中有王羲之的影子，楷书是对唐人的继承。他尚法古人，又以古创新，使自己的书法达到了很高的水平和境界。书法史上看，他虽然不及王羲之和颜真卿，但在元代是一座不可逾越的高峰。

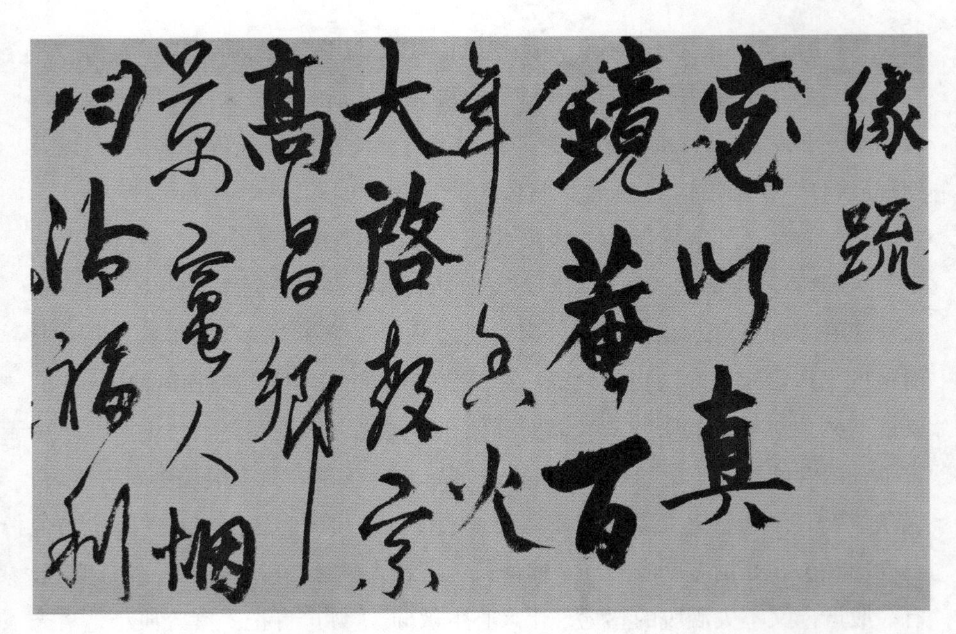

【图 55】 [元] 杨维桢《真镜庵募缘疏卷》(局部)

杨维桢

如果说赵孟頫是元代书法唯美优雅的代表，那么杨维桢的书法就格外不拘一格、标新立异。

杨维桢是元末明初的文学家、书画家。杨维桢的诗，既婉丽动人，又雄迈自然，史称“铁崖体”。其字将章草、隶书、行书的笔意融为一体并加以发挥，粗看东倒西歪、杂乱无章，实际骨力雄健、汪洋恣肆。其代表作有《真镜庵募缘疏卷》(图 55)等。

杨维桢的书法继承了张旭、怀素所创狂草的美学精神，也对明代徐渭放纵狂肆的书法产生了重要影响。

章草大家宋克

明代初期，书法陷入呆滞的局面。明代重视科举，而科举考试很重要一项便是看书法如何，要是一入眼觉得字写得不好，直接淘汰。这样的情况下，凡是文人，基本上书法功底都不错。但是当时评价书法好坏的标准机械死板，那就是公正、匀称，易于识别。所以，在当时即便是书法家，写出来的字也是千篇一律。当时最有名的书法家是“三宋二沈”，指宋克、宋璲、宋广、沈度、沈粲，其中又以宋克最为有名。

从宋克的书法中，可以看出他意识到了当时书法的困境，并在努力突破，开启新风。他的书法重法度，同时又有意趣，或平稳或曲宕的笔画中，情趣盎然，算得上是明代书法的开门人。

宋克，字仲温，号南宫生，长洲（今江苏苏州）人。少年时喜欢舞刀弄剑，学习兵法，一身侠气，曾参加过元末的起义。明代初期曾担任侍书，后又继任风翔知府，但仕途一直不顺。他博览群书，以史学擅长，又涉猎绘画和书法领域，并以书法家传世。

宋克练习书法十分刻苦，《元史》中记载他练字：“杜门染翰，日费十纸，遂以善书名天下。”他的书法起初受赵孟頫影响深刻，后来开始尚古，一路追溯到钟繇和“二王”那里，最终书风遒劲妍媚，笔墨精绝，被世人称赞。

宋克的书法中刚劲的骨力、妍丽的姿态、飘逸的神韵，都表明他在尚古方面已经达到了极高的水平。扎实、端庄，又不乏洒脱和闲庭信步的姿态，

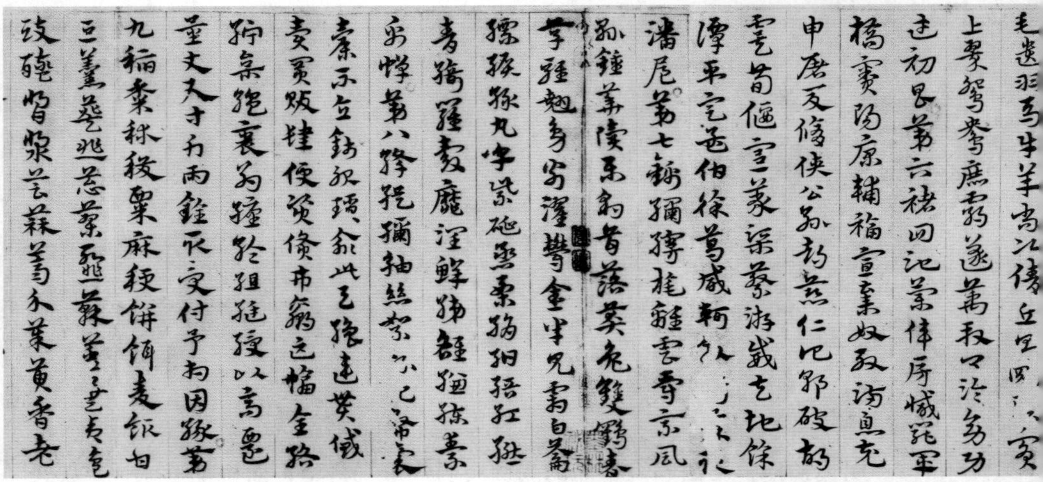

是他书法最大的特色，也是其最吸引人之处。当时的名臣、书法家解缙称赞他："克书如鹏抟九万，须杖扶摇。"

宋克的楷书代表作有《李白〈行路难〉诗》和《七姬权厝志》。《李白〈行路难〉诗》笔墨精绝，气韵流畅，从书风上能明显看出受到了赵孟頫的影响。《七姬权厝志》是宋克为潘元绍的七个爱姬书写的墓志。潘元绍是元末起义军张士诚的部下，苏州被围困的时候，他出兵作战，凶多吉少，他的七个爱姬为了让他安心作战，全部自尽。最终潘元绍胜利归来，为七个姬安置后事，请宋克书写了这篇《七姬权厝志》。这篇志用小楷写成，笔画古朴秀丽，结体工整清新，布局得当，气韵秀逸。当时的杨慎云称赞道："国朝真行书，当以克为第一，所书《七姬帖》，真冠绝也。"后来张士诚与朱元璋为敌，朱元璋因为宋克为敌将作书，对他不满，宋克的仕途不顺与此有很大关系。

宋克是继赵孟頫之后的又一位章草大家，他毕生学习章草，书风简雅、趣味盎然，代表作有《录孙过庭书谱册》《杜甫壮游诗卷》《急就章》（图 56）等。《杜甫壮游诗卷》中既有章草，又有今草和狂草，三种草书字体融会在一

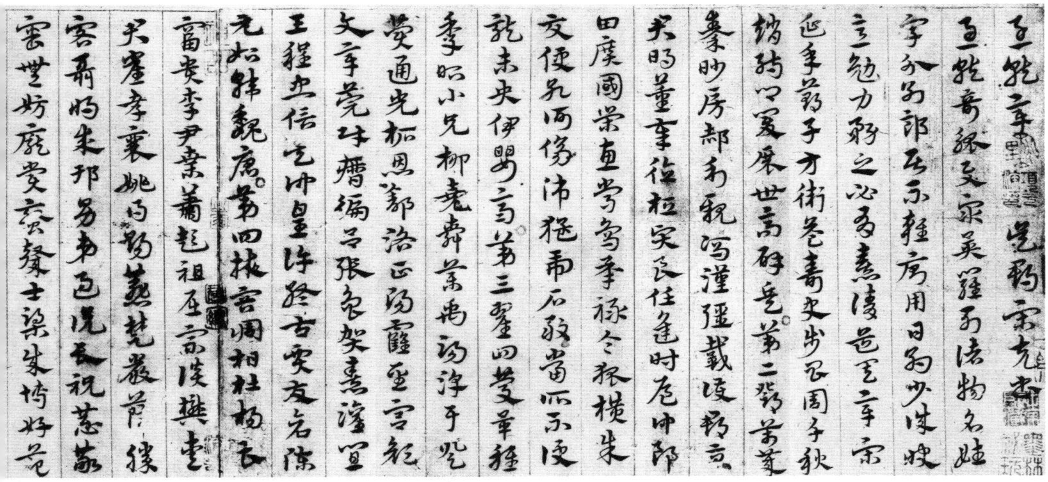

【图 56】　［明］宋克《急就章》（墨迹纸本局部）

起，笔画勾连，遒劲磅礴，一派生气，跃然纸上。《急就章》是他生前最后一年的作品，全书两千多字，下笔时而丰腴豪放，时而瘦劲矫健，古朴的气韵贯穿其中，典雅秀丽，让人回味不绝。

《急就章》

《急就章》原名《急就篇》，因篇首有“急就”二字而得名。西汉元帝时由黄门令史游编著，是当时为儿童编写的学习汉字的启蒙读物和练字范本。《急就章》共 1394 个字，用不同的字组成三言、四言或七言的韵文，内容涉及姓名、饮食、生物、礼乐、职官等方面。直到唐代，《急就章》一直是儿童的主要识字教材。虽然唐代以后，其启蒙读物的主导地位渐渐被《千字文》《百家姓》《三字经》所代替，但作为书法字帖，《急就章》一直是练习章草的经典篇目。

祝允明：明代草书第一人

祝允明，字希哲，号枝山，长洲人，与唐寅、文徵明、徐祯卿并称“吴中四才子”，也称“江南四大才子”。他能诗文，善书法，尤以草书擅长，值得后人研习。

祝允明天资过人，五岁便能写大字，九岁能写诗。最初他学习的是晋唐书法家，如王羲之、钟繇等，据说光是王羲之的《黄庭经》他就临写过五本，为日后的书法成就打下了坚实的基础。学完晋唐之后，他又开始学习宋人的书法，从尚韵、尚法，转到尚意的学习。苏轼、米芾和黄庭坚都对他影响很大，尤其是苏轼的气度、米芾的洒脱，在他的作品中表现明显。

祝允明的书法经历了“由楷而行，由行而草”的过程，在每一阶段他都颇有建树。

祝允明的楷书受钟繇、王羲之和赵孟頫影响最大。虽然基本上见不到祝允明对钟繇的临摹作品，但是在他的楷书作品《书唐宋四家文》《和陶饮酒诗》(图 57）中，可以明显看出受到过钟繇影响。这些字用笔短促，结体宽扁，气韵拙朴，特征十分明显。王羲之对他的影响几乎贯穿一生，他先后临写了五本《黄庭经》，第一本是 27 岁那年写的，最后一本是去世前两个月写的。祝允明楷书中的运笔矫健、笔画丰润、力道内含、结体舒展，合乎法度，都有王羲之的影子。后来他也认真学习过赵孟頫，取其所长。在慢慢学习古人的过程中，祝允明渐渐开创了自己的楷书风格。

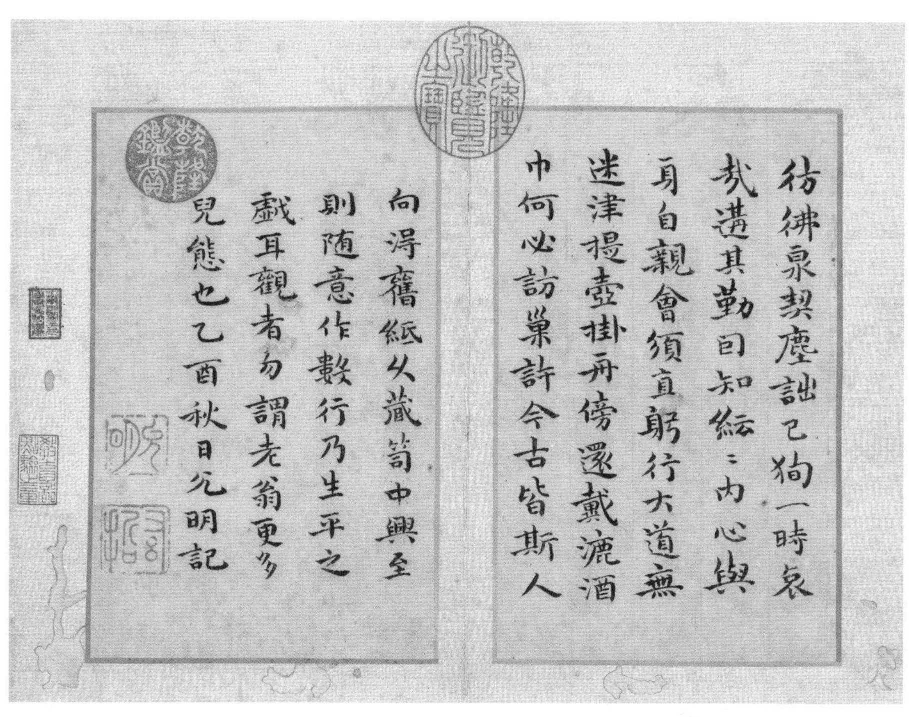

【图 57】　［明］祝允明《和陶饮酒诗》（局部）

《陶渊明闲情赋》是祝允明的楷书代表作之一，笔法成熟，抒情得体，很难看出是受了哪家影响，显示出祝允明博采众家之后有了自己的特色。64 岁那年，祝允明写下了《松林记》，是其楷书中的精品。运笔上看，笔力扎实有劲，沉着厚重；结体上看，端庄平正，雍容大气；布局上也十分规整；气韵上看，庄严肃穆、气度非凡。整幅作品严谨雄厚，体现了祝允明楷书的精髓。

祝允明的行书运笔潇洒，生动活泼，常常用来抒情。他的行书体现了书法家的至高境界——书写本心，外人常常从他的笔端便可揣摩出他的意思来。

在各类字体中，祝允明最擅长的还是草书，他也因此被誉为“明代草书第一人”。他自己概括的草书要诀是：“用笔应当端重，点画应当明净，作字当如作真，而旨趣当求古意。”其中可以看出，他认为学习草书应当效法古

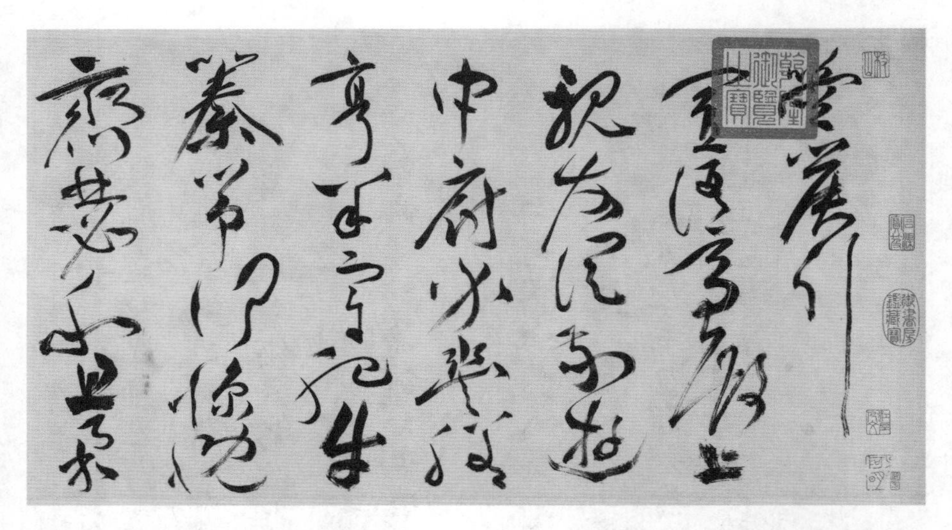

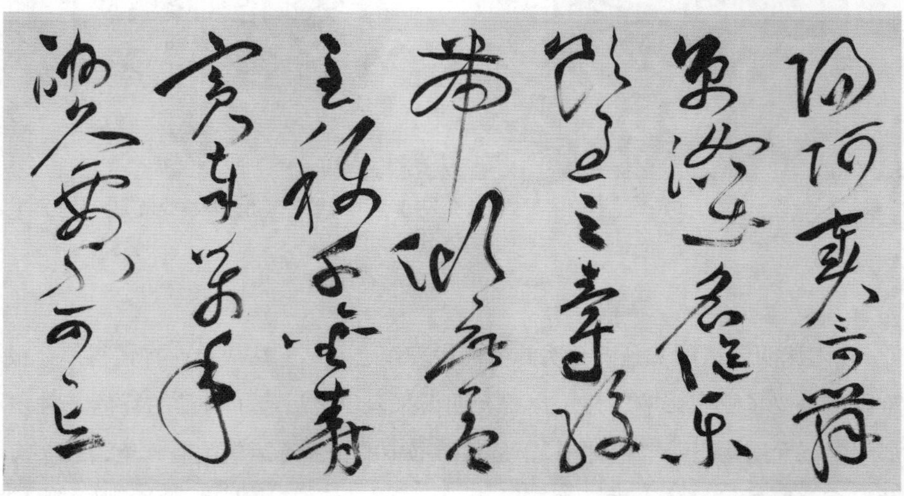

【图 58】 ［明］祝允明《箜篌引》（局部）

人，他自己写草书学的是怀素和黄庭坚。

祝允明于各书体中，最喜欢的也是草书。祝允明的书法创作由楷书到行书，由行书到草书。在他的行书创作后期，便会常常夹带进去一些草体字。到了晚年，祝允明心境打开，已经将生活看作一场游戏，为人不修边幅，狂放不羁，这些也都反映到了他的草书创作中。最能代表祝允明草书成就的，是他晚年的狂草，笔势雄健又不失飘逸，无拘无束的舒展中气韵流动。《箜篌引》（图 58）是他晚年草书的代表作，运笔如飞，饱满厚实，沉静朴拙，又不失秀丽，让人心旷神怡。

祝允明在书法理论方面也有研究，他认为书法的技巧和书家的精神同等重要。技术上面到位了，但是精神不饱满，作品便无神；当然，技巧上不及格的话，也就没资格谈精神了。

宣纸

宣纸是中国书法绘画的传统用纸，因安徽宣城出的纸最为有名，故而得此名。

宣纸按照渗透性和制作工艺不同，可分为生宣、熟宣和半熟宣。生宣是直接手工制成，适合行书和草书。熟宣是在生宣中加入明矾等进行熬煮制成。熟宣着墨后不易发散，控制力强，适合篆书、隶书和楷书，尤其是小楷。半熟宣顾名思义，性能介于生宣和熟宣之间，将生宣蒸一次，或者用明矾水稍微处理后，便得到了半熟宣。

【图 59】　［明］文徵明《湘君湘夫人图》（局部）

文徵明：书人合一，自成一家

文徵明，号衡山居士，长洲人，明代著名文人，诗词、绘画、书法样样精通。他与唐寅等人被称为“江南四才子”，同时因为书法位列“明四家”。

文徵明出身于书香门第，他的祖父曾中过举人，他的父亲中过进士，但文徵明却是大器晚成者。据说，他 7 岁才会走路，8 岁时连话都说不清，到了 11 岁才能跟人正常交流。早年，他参加生员考试的时候，因为字写得差，考卷被考官扔掉，从此开始勤奋练习书法。据《名山藏》记叙，文徵明在郡里学习的时候，学官十分严苛，别的学生都受不了，只有他不叫苦。甚至别人休息的时候他也不闲着，一遍遍临写《千字文》，每天临写十本，书法大有长进。

同古时候的文人一样，文徵明也想从科举走向仕途，但可惜连年落第。他从二十多岁开始，一直到五十多岁，先后共参加了十次乡试，都没考中。年过半百的他最终彻底放弃，将精力投入到诗词书画中，创作了诸如《湘君湘夫人图》（图 59）这样的作品，也算洒脱。在他 54 岁那年，苏州巡抚举荐他为官，他被调到京城担任翰林院待诏。不过文徵明不习惯朝中的生活，几次上书辞职，在 57 岁那年回到家乡，彻底投入到艺术创作中去，一直到 90 岁去世为止。

文徵明曾跟随当时的大书画家沈周学习书画，沈周的书法师出黄庭坚，俊逸潇洒。后来，他又学习另外一位书法家吴宽，吴宽的字出自苏轼。他还

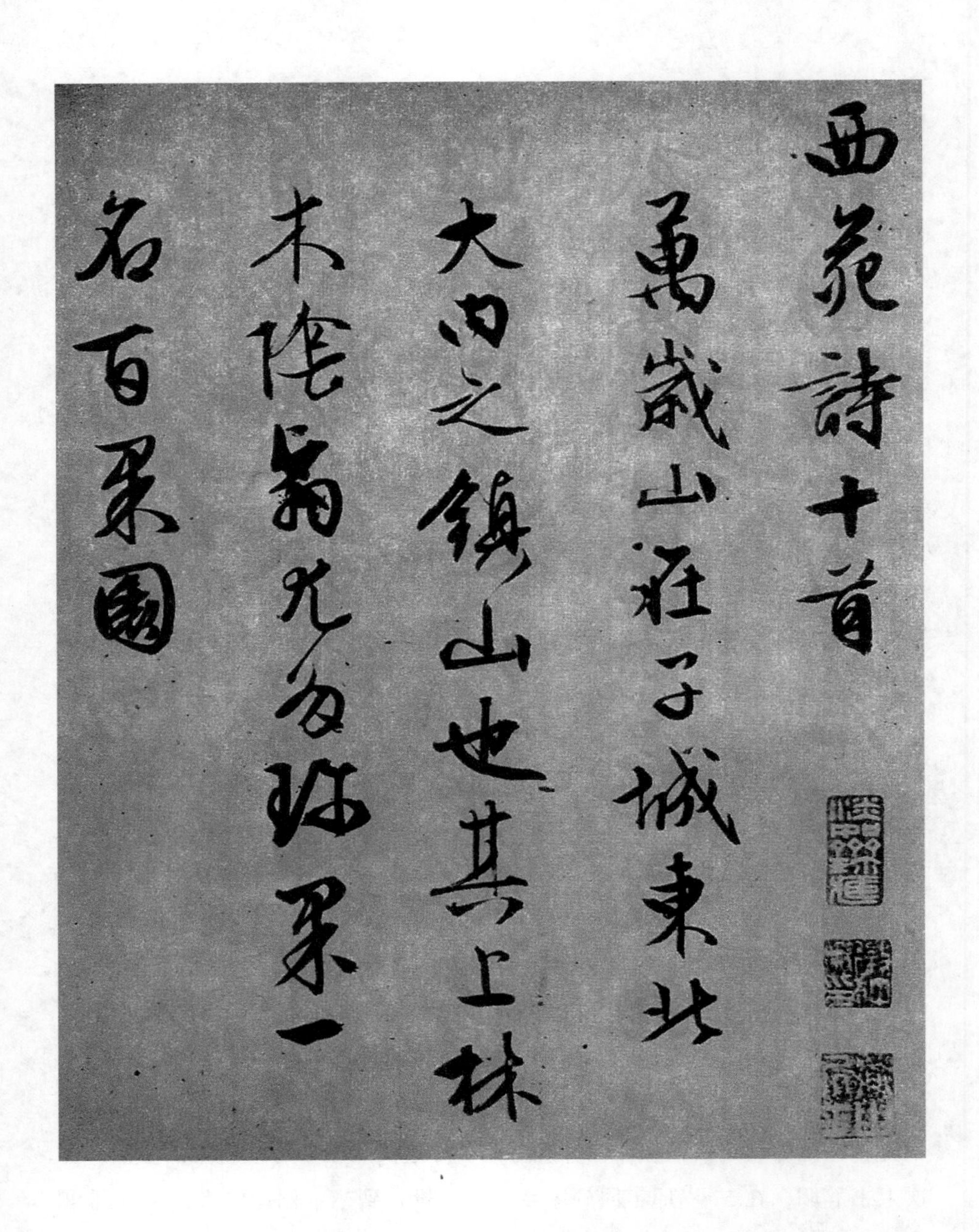

【图60】 [明]文徵明《西苑诗》(局部)

拜李应桢为师，李应桢也是一位书法家，以楷书见长。除了这些人之外，文徵明还与很多当时的书法家交往，相互切磋学习，如祝允明、唐寅、徐祯卿等。博采众长，加上勤奋努力，文徵明的楷书、行书、草书、隶书、篆书都非常出色，其中尤以行书和小楷最为精妙，被人评道："如风舞琼花，泉鸣竹涧。"

文徵明的行书流畅雅致，结体均匀，笔画丰饶，端庄肃穆。从他的行书中，可以得见智永、"二王"、黄庭坚、苏轼、米芾的特点，遒劲华丽，收放并举，骨力和气韵俱佳。他的行书代表作有《赤壁赋卷》、《西苑诗》(图60)等。

《赤壁赋卷》全书气韵流畅，体现出了书者高超的驾驭笔墨能力。用笔上看，力道遒劲，下笔肆意，规整中有变化，温婉中有沧桑。结体上看，字体均匀，十分平整，但是偶有险笔，起到画龙点睛的效果，让人眼前一亮。布局上看，疏密得当，显得十分精练。气韵上看，书者提笔抒情，早已把自己和这些字融为一体，给人一种书人合一的畅快感。结合作品中描写的景致，无论是山还是水，是月还是风，都跃然纸上，在字里行间流淌。

《西苑诗》被称作是文徵明最具代表性的作品。这些手卷写于他八十多岁高龄的时候，内容是抄录了他56岁时所作的十首七绝诗。西苑在当时是皇家园林，能进去游赏是一种身份的象征。文徵明的这十首诗分别描绘了西苑的十个景点，文学上没什么特别之处，但是他自己十分喜欢，便在晚年抄录了一遍，没想到成为自己最有名的书法作品。用笔上看，这幅作品轻灵跳跃，流畅熟练，秀美圆劲。结体上看，紧凑端庄，又富有变幻。章法上看，字与字之间连笔很少，流畅贯通，一丝不苟。气韵上看，字里行间有一股苍劲又雅致的气息。此作体现其技法上炉火纯青，精神上通篇随心所欲。

文徵明的楷书，尤其是小楷十分精绝。他的楷书从古人那里取法，上溯到魏晋时期，学习钟繇、王羲之，后来又学赵孟頫，渐渐领悟得道，自成一家。明代王世贞称赞他："以小楷名海内。"清代朱和羹说他："明楷以文衡山为第一。"小楷对于文徵明而言，完全是精神上的伴侣。甚至在他生命的晚年，将不久于人世的时候，他还在一笔一画地认真写小楷。他的小楷代表作

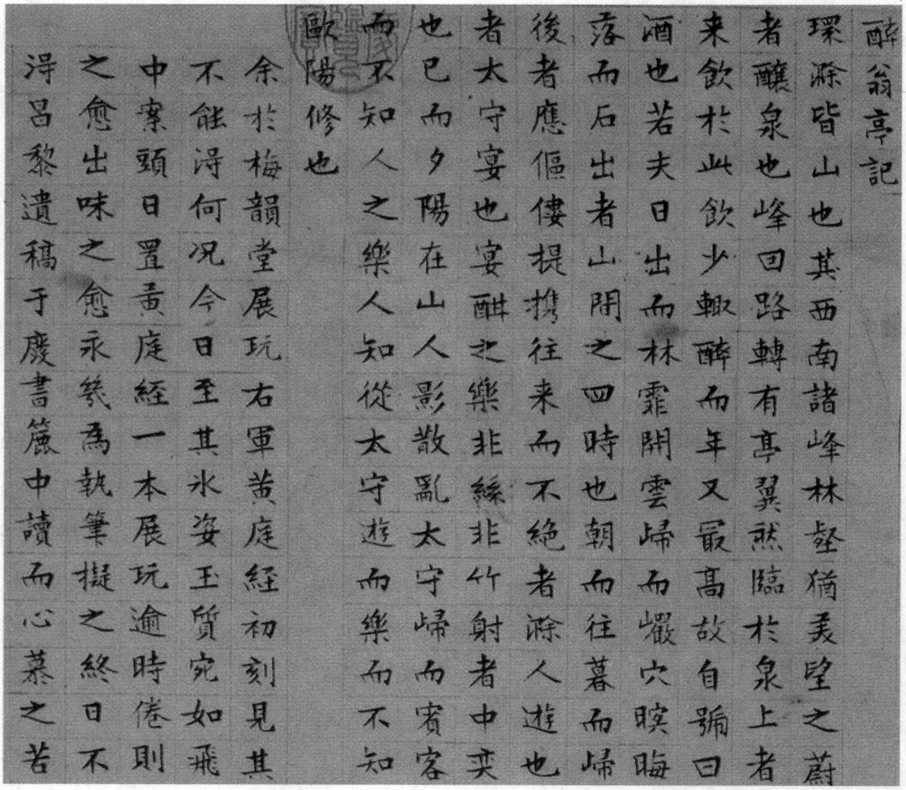

【图 61】 ［明］文徵明《醉翁亭记》（局部）

有《太上老君说常清净经》、《金刚经》、《离骚经九歌册》、《醉翁亭记》（图61）、《赤壁赋》等。其中《离骚经九歌册》是他八十多岁时写的，精妙绝伦，法度森严，让人过目不忘。

徐渭：以画入书的怪才

徐渭是中国书法史上的一个怪杰，他的一生经历颇为传奇，虽然之前也有一些书法家以疯癫和怪诞著称，但跟他都不能相比。

徐渭，字文清、文长，号天池山人，山阴(今浙江省绍兴)人。徐渭是位艺术全才，诗词、文章、绘画(图62)、书法、杂剧等无一不精通，但最有影响力的还是书法，他自己也承认，并说："吾书第一，诗二，文三，画四。"与一般文人"以书入画"正好相反，徐渭是"以画入书"。他的书法完全是一幅抽象画，给人以独特的视觉享受。

徐渭的书法中，又以狂草最为擅长。他的狂草恣意纵横，跌宕起伏，如风卷残云，淋漓尽致。他完全打破陈规，也不讲究细节，以一种一泻千里的姿态宣泄自己的情绪，抒发胸中的豪气，让世人看清自己的本真面目。明代袁宏道第一次看到徐渭的草书时，十分惊讶，说："心铁骨，与夫一种磊落不平之气，字画之中宛宛可见，意甚骇之!"

徐渭的狂草有一种震慑人心的力量。他的草书不走空灵路线，特殊的人生经历让他下笔肆意，古劲沧桑。他从不以温婉柔和的景致来入书，反而尽是山崩地裂，飞沙走石，让人震撼不已。他的草书字字如铁，力道十足。笔画上看，线条跨越幅度大，跌宕起伏；结体上看，变幻莫测，有时候几个字连在一起，一笔挥写下来，有时候字与字之间不但不相连，反而一个字被拆得很开。布局上看，字间距与行间距都很密，一波未平一波又起。他的草书

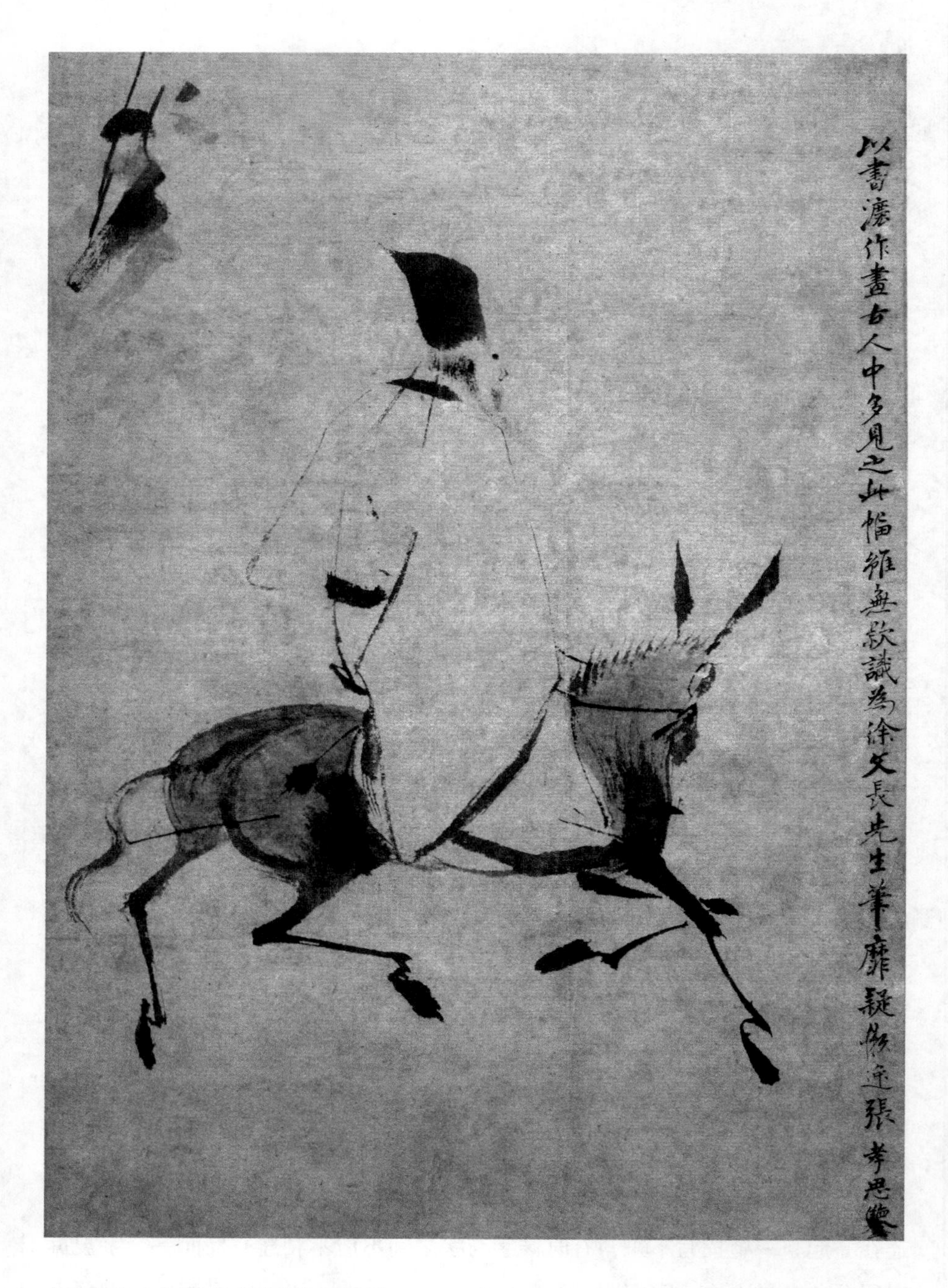

【图 62】 ［明］徐渭《骑驴行吟图》

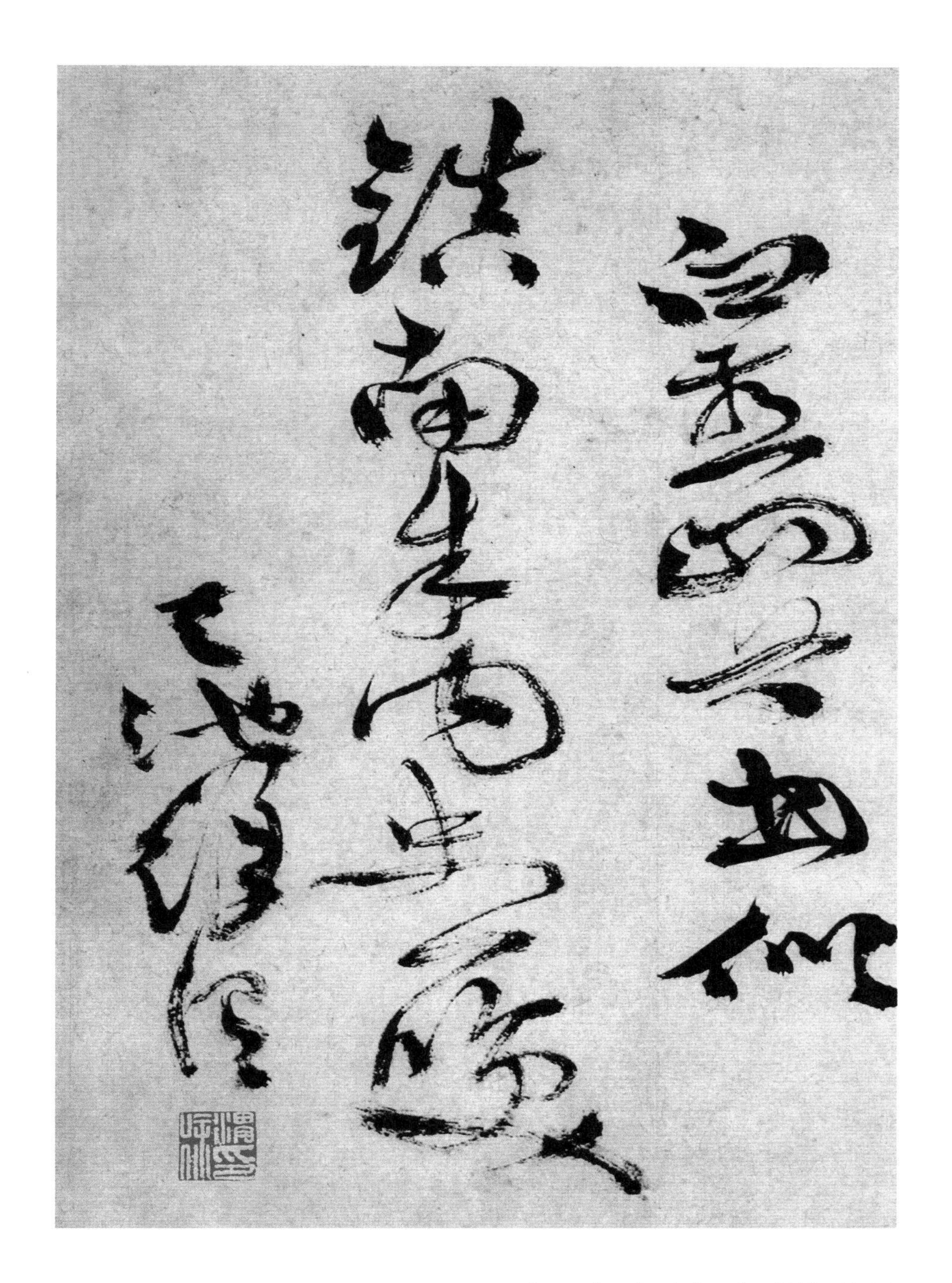

【图 63】　［明］徐渭《白燕帖》（局部）

（图 63）给人一种繁复、急切、痛快的感觉，像是一个人在对着空山谷呐喊，一抒心中郁闷。

《春园细雨诗轴》是徐渭的草书代表作，从中可以窥见这位草书大师的风貌。笔画上看，线条粗细掺杂，无拘无束，提案使转，点画下笔轻重对比强烈，笔触跳荡，富有节奏感。用墨上看，时浓时淡，润枯结合，非常有渲染力。布局上看，字间距与行间距如杂草丛生，十分有震撼力。徐渭的草书以叛逆著称，看似不守法度，其实并非如此。从《春园细雨诗轴》中可以看出，他的用笔和结体，尤其是笔力的稳准，力道的得当，变幻的随意，绝非随手涂鸦，背后有着深厚的功底。

徐渭在世的时候并不出名，也没有什么赏识者，但到后来，越来越多的人被徐渭书法中的激情和狂放打动，开始追随他、崇拜他，其中包括八大山人、郑板桥、齐白石等大师，齐白石更是说："恨不生三百年前，为青藤磨墨理纸。"

董其昌：独步明代三百年

董其昌，字玄宰，号香光居士，华亭(今上海市松江区)人。万历十七年，董其昌中进士，后历任湖广副使、湖广学政、山东副使等职，光宗在位时升任太常少卿，天启二年升为本寺卿，后又升为礼部右侍郎、南京礼部尚书。他擅长书画（图64）和鉴赏，是明代优秀的书法家。《松江志》上说他："少好书画，临摹真迹，至忘寝食。中年悟入微际，遂自名家。行楷之妙，胜绝一代。"

在书法大家中，董其昌起步很晚。17岁那年，他参加松江府会考，考完之后自己感觉良好，很有信心拿第一名。但是放榜之后，他发现自己位列第二。他去找看卷人知府袁贞吉理论，袁贞吉说他文章写得的确很好，但是字太差，所以不可能得第一。这件事深深刺激了董其昌，自那之后，他开始用功学习书法。学习颜真卿的《多宝塔碑》、钟繇的《荐季直表》和王羲之的《黄庭经》。一段时间之后，他觉得自己进步很大，稍微有些自满。一次，他到嘉兴大收藏家项元汴家里做客，见到了很多名人书法的真迹，加上在南京见到了王羲之的真迹，认识到了自己与他们的差距，于是回去废寝忘食，勤奋练习。

董其昌在学习古人的过程中，又加入了自己的审美和情趣，最后创造出自己的书风。他的字天真烂漫，古拙淡雅，自有一股宁静致远的味道。明末书评家何三畏称赞董其昌的书法："天真烂漫，结构森然，往往有书不尽笔，

【图 64】 ［明］董其昌《奇峰白云图轴》

【图 65】　［明］董其昌《千字文》（局部）

笔不尽意者，龙蛇去物，飞动腕指间，此书家最上乘也。”

董其昌的书法在用笔、结体、用墨、章法、气韵方面，都有自己的特色，人称“董体”。用笔方面，灵活运用笔尖，到处游走，变化多端，时而露锋起笔，时而侧锋起笔，干净利落，劲道十足。结体方面，大方自然，疏密得当。董其昌受颜真卿的影响，字写得宽，又受王羲之和李邕的影响，不忘收紧，最后达到一种和谐统一的效果，大大方方，疏密有致。用墨方面，他是数一数二的高手，历来受到人们推崇。浓墨和淡墨的掺杂，让作品更富节奏，更具表现力。尤其是淡墨的使用，淡得恰到好处，内含一股朴素、怀旧、清雅和俊逸之气，让人心向往之。章法方面，看似随意，无为而治，却营造出与书风最相宜的效果。气韵方面，讲究“淡”和“雅”。他的书法无论用笔、结体，还是用墨、布局，都讲究“淡”，如风吹过，而且淡中又透出“雅”来，有中国传统文人的心境，让人心旷神怡。

董其昌擅长各字体。他的楷书早年便比较成熟，主要得法于颜真卿，不过在用笔和结体方面舍弃了颜体沉稳、均衡的特征，借鉴欧阳询等别的书家，最后创造出一种敧正相生、潇洒飘逸的效果，趣味十足。行书方面，董其昌深受“二王”和颜真卿的影响，尤其是颜真卿，他曾认真研习过《明远帖》《争座位帖》和《鹿脯帖》。最终，他的行书笔法淡泊含蓄，轻盈多变；结体或敧或正，不拘一格；用墨喜欢淡笔；布局清新舒畅，自有一股天真烂漫、返璞归真的趣味在其中。董其昌最有成就的，还当属他的草书（图 65）。董其昌的草书早年中锋运笔，笔画平稳，晚年改侧锋运笔，笔画粗细跌宕，骨力内含，颇有怀素、杨凝式和米芾的韵味。他的狂草线条跌宕，透出十足劲道；运笔如飞，却能见到静谧；用墨浓淡相宜，秀润得当；下笔率性而为，流露出天真烂漫。

董其昌的书法作品在清代时就十分名贵，“名闻外国，尺素短札，流布人间，争购宝之。”康熙非常喜爱和推崇他的书法，多次临摹他的作品，甚至还让人将自己最喜爱的《昼锦堂记》制成屏风，安放在座位边上，早晚没事的时候便端看揣摩。皇帝如此，下面的文人更是如此，个个学习董体，以至于很长一段时间内清代的书法都笼罩在董其昌的影响下。

“金刚杵”张瑞图

张瑞图，字长公，号二水，别号果亭山人，福建晋江（今泉州）人。万历三十五年进士，后官至建极殿大学士。张瑞图擅长诗文书画（图66），尤以“金刚杵”笔法著称于世。他与邢侗、米万钟、董其昌并称为“明代四大家”，又与董其昌有“南张北董”之号。

张瑞图的书法早年学习钟繇、王羲之，后又学习孙过庭和苏轼。最后在古人的基础上进行革新，自成一家。明代晚期社会上出现一股思潮，推行解放思想，他的书法中有极强的对自我价值的肯定，暗合了当时的社会思想。

张瑞图的行楷书笔力遒劲，线条飘逸，结体精巧，布局疏朗。不过，他最有名的是行草书（图67）。他的行草书师出孙过庭和苏轼，运笔豪爽，点画诡异，结体收紧，字体偏长，风格多变，不拘一格，气势上非常奔放，节奏感很强。他的行草书代表作有《后赤壁赋》《骢马行》《杜甫〈江畔独步寻花〉诗》《李白〈独坐敬亭山〉诗》等。

《李白〈独坐敬亭山〉诗》是他行草书中的精品。行笔上，侧锋用笔多，且挥笔幅度大，起承转合的时候选择露锋，霸气十足。布局上，字距逐步收缩，但行距却十分疏朗，加上横笔被强化，最终打造出一种奇异的流畅快感，让人耳目一新。

张瑞图是继徐渭之后，另外一位反尚古的书法大家。但是他与徐渭又有明显不同，他比徐渭走得更远。在创新方面，徐渭主要表现在结体和章法上，

【图 66】 ［明］张瑞图《晴雪长松图》（局部）

【图 67】　［明］张瑞图书法扇面

笔法上还是秉承古人，继承传统。张瑞图以怪诞和狂妄著称，他的笔法一反前人，尤其表现在折笔上，那种尖锐和腾挪的效果，之前从来没有书法家尝试过。正如梁巘在《承晋斋积闻录》中所称："张二水书，圆处悉作方势，有折无转，于古法为之一变。"

同他的书法革新一样，张瑞图的书学理念也相当前卫和狂放。他曾经多次口出狂言，批判前人，甚至不惜冒天下之大不韪。众人都说晋人书法精妙，他却说："晋人楷法，平淡玄远，妙处却不在书，非学所可至也。"还说："假我数年，撇弃旧学，从不学处求之，或少有近焉耳。"意思是说，书法的精妙之处并不在我们眼睛看到的表面上，而在他处，那才是书法的关键，要是给我几年时间，我从这方面下手，或许能学得一二。

张瑞图的书法不拘一格，其中很多特点如陡峭和怪异，都是他内心情感的反映，这也与他的特殊际遇有关。他起初被授予编修，进入仕途，但当时恰逢魏忠贤作乱，他迫于魏忠贤的淫威，认贼作父，成了魏忠贤的干儿子。

后来魏忠贤被镇压，他躲过死劫，被贬为平民，但少不了被世人嘲讽。虽然后来不理政事，一心参禅，但是羞愧之心和苟且偷生的耻辱感一直萦绕心头。他的苦闷和屈辱，不甘和无奈，最后全都借助笔墨，发泄到了作品中。他的作品力道十足，笔势尖锐，极富攻击性，大气下面有一份孤独的悲怆。

张瑞图的书法在当时便得到了认可，被人评价："明季书学竞尚柔媚，王张二家力矫积习，独标气骨，虽未入神，自是不朽。"同时，极大地影响了后来的一些书法家，包括黄道周、倪元璐、王铎、傅山等。

王铎：匠心独运，收放自如

王铎，字觉斯，号痴庵，河南孟津人，明代天启二年进士，崇祯十七年官至礼部尚书，后来在清顺治二年投降清军，在清代担任过礼部尚书和大学士。王铎博学多才，诗词、绘画、书法样样俱佳，其中尤以书法闻名。虽然王铎跨越了明代和清代两个时代，但是他的书法创作期主要在明代，所以将他归为明代书法家。

明代末期，书法上推崇赵孟𫖯和董其昌，但是王铎认识到，这两人虽然成就甚高，但是相较于晋唐书法家，还是有差距，于是他没有随众，而是避开这两人选择尚古。他认为书法要创新，但是要以尚古为根基，否则便是无源之水。他为自己安排的书法课程也非常有意思，一天临摹古人字帖，一天创新，古今掺杂，一直持续到生命结束。

王铎的楷书、行书和草书都非常出色，其中最有代表性的是草书。他的草书线条刚劲沧桑，连绵起伏，古朴厚拙；结体上变幻莫测，腾挪跌宕；布局上看似随意，时而如狂风暴雨，时而如余音绕梁，风格瑰丽。

王铎的草书有个很大的特点，那便是收放自如。他的草书字体险峻放纵，但并不失控，反而给人以厚重踏实的感觉，实在难得。书法上讲究初学者求平正，等能够做到险绝之后，再回归到平正，这种由生涩到成熟的过程很多大书法家都经历过，王铎也是其中之一。傅山评价他说："王铎四十年前字极力造作，四十年后无意合拍，遂成大家。"起初极力想要达到一种效果，等真

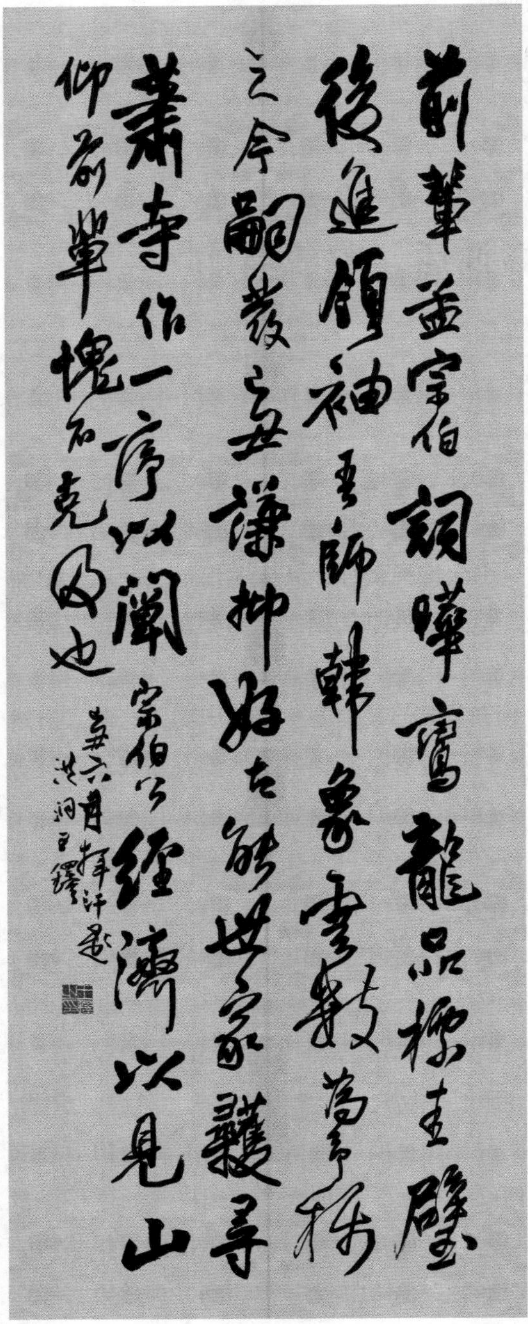

【图 68】 ［明］王铎《前辈孟宗伯》

正熟练后，随心所欲便可为之，这才是真正的大家。

王铎的书法作品颇多，如《拟山园帖》《龟龙馆帖》《琅华馆帖》《临柳公权帖》《杜陵秋兴诗卷》《雒州香山作》等。

《前辈孟宗伯》（图 68）是王铎的代表作之一，这件作品最大的特点在于强烈的节奏感和传递出的浓情。节奏感表现在两个方面，一是用墨的浓枯，一是字与字之间的距离。行笔中用墨时浓时淡，不同字行，或者同一字行，在这种交替的浓淡笔墨下，显得极富节奏感。连笔上看，有的字几个连在一起，有的字不相连，如同时快时慢的音乐节奏一般，让人心绪随之变化。虽然草书讲究流畅，但是停顿也是必要的，停顿是为了调整之后通篇更流畅。在浓淡墨色和时连时顿的用笔下，这件作品的感染力极强，我们从中能体会到作者的感情。

《雒州香山作》是王铎另外一件代表作，通篇古朴拙雅，气势非凡，是草书中难得的精品。墨色上面浓墨和淡墨对比强烈，粗线条和细线条对比强烈，节奏感强，同时增加了表现力，让人过目难忘。用笔大多稳健，尤其是粗线条起到的作用，在整体稳健的背景下，部分细线条的字写得轻巧，也就不会显得轻浮。章法上非常开放，很有气度，大字小字肆意而为，相互掺杂，传递出一种自由自在、轻松活泼的情绪。

除了在书法作品上的成就，王铎在书法理论上也颇有建树。他著有美学作品《文丹》。这本书虽然不是专门论述书法的，但是蕴含着很多他对书法的理解。在《文丹》中，他阐述了“怪、狠、胆、气、力”的重要性，放到书法中来看，“怪”是指要创新，与众不同；“狠”是指要敢于去做，要陷入其中；关于“胆”，他说：“文要胆。文无胆，动即拘促，不能开人之不敢开之口。”关于“气”，他认为创作要有“气”，没有“气”什么都谈不上；关于“力”，王铎十分推崇，他认为作品越有力越好，兔、犬、马、狮、象之所以比不过龙，就是因为力所不及。

明末清初，书坛中最有名的书法家是王铎和傅山，但是王铎投降了清代，后来人们谈到他时总是刻意一笔带过。如果单论书法，王铎无疑是一位大家。

通扇依微
風曾那人
同罢纖手剩
蓮蓬記

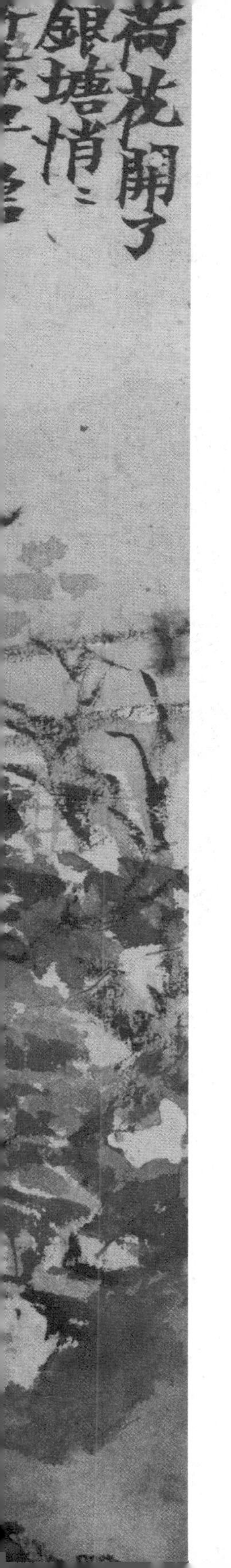

第六章

返璞归真，金石碑学成一统

（1644—1949年）

清代帖学热潮退去，人们一路上溯，抛开宋代和明代的影响，到唐代书法中寻找法度，到晋代书法中学习气韵，同时学习魏碑和金文，掀起了金石热。这一时期的书风用傅山的话说，就是“宁拙毋巧，宁丑毋媚，宁支离毋轻滑，宁真率毋安排”。

【图 69】［清］傅山《山水花卉册》（局部）

“丑”书大师傅山

傅山，字青主，号丹崖翁，阳曲（今山西太原）人。他出身于书香门第，加上自幼聪慧，勤奋好学，成为清初最有名的学者之一。除此之外，他还擅长书法、绘画（图 69）和篆刻。尤其他的书法，潇洒多姿，造诣很深，开清代之书风。

傅山初学赵孟頫，后来改学颜真卿，他对颜真卿的字和为人都十分敬佩，而颜体字也算是其一绝，写得端庄典雅，很多流传下来的作品都是颜体字。此外，傅山的楷书中有别人没有的剑拔弩张的气息，这正反映了他坚硬的一面。明代灭亡后，傅山因为参与“反清复明”被抓入大牢。傅山在狱中绝食数天，以死抗争。就连他的母亲也说，我儿子死得其所，不必营救。他们一家人的气概由此可见。

傅山的行草书代表了其书法的最高成就。从代表作《草书诗轴》（图 70）上看，下笔多用使转，笔画回旋缠绕，下笔飞快，字字相连，折笔和提按动作几乎被省去；结体上看，大小有致，左右攲斜，气脉连贯；气韵上看，字与字相互纠缠，像是有无限心事在心中，欲说还休，让人如坠云雾。

傅山的性格率真、豪爽、耿直、刚烈，这一点在前面提到的狱中绝食自尽之举便有体现。此外他还不愿意给不喜欢的人送字，很多人崇拜他的书法，向他求字，但是因为市面上太多假字，便要求他当面书写。越是如此，傅山便越是不写。他喜欢晚上一个人独自写字，如果有人这时来拜访，乱了他的

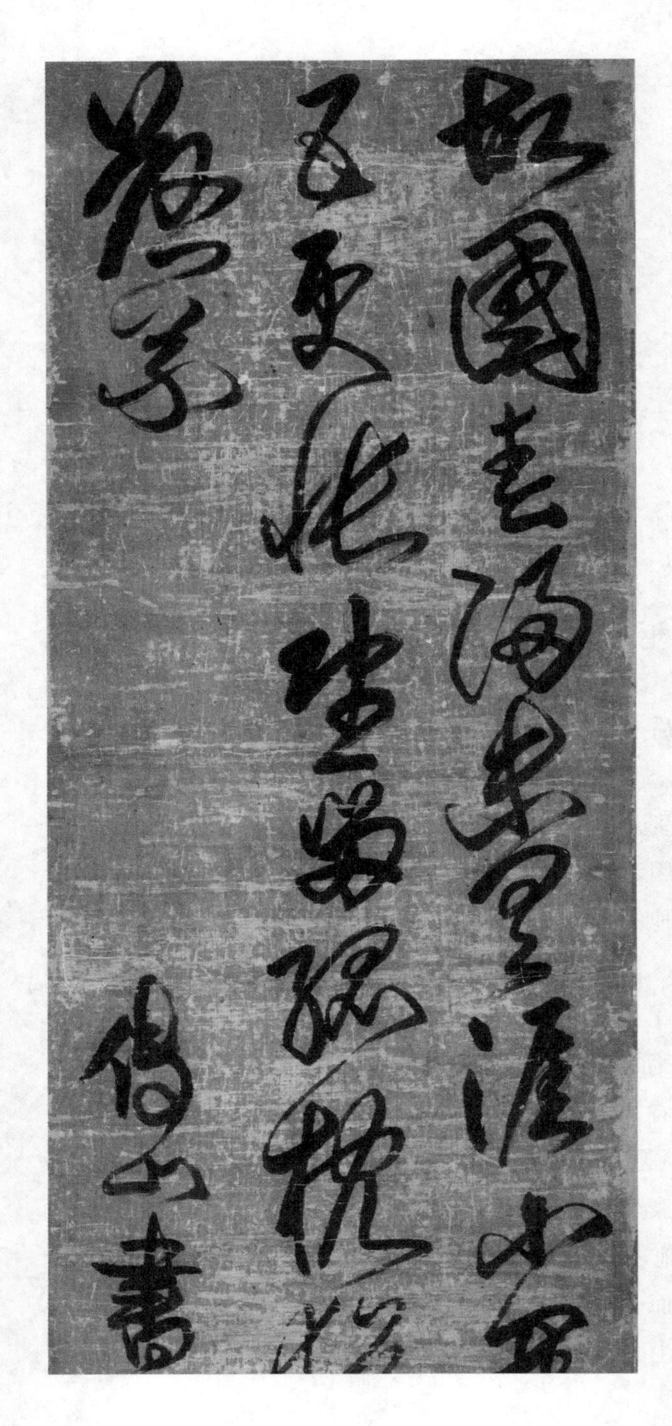

【图 70】 ［清］傅山《草书诗轴》

兴致，他也会摔笔罢工，不再书写。傅山的这种性格对他的书法影响很大。

因为性格豪迈，他写字更多出于自我的发挥，对古法的掌握不是那么精到。他虽然也学过前人，并且擅长模仿颜真卿，但是到了草书中，一下笔便完全沉浸在自己的世界里，笔画矫捷，线条跌宕，俊迈飘逸，在其中很少见到古人的影响，主要是书者个人的发挥。

率真的性格让傅山坚持选择表现主义的道路。他的书法讲究宣泄真性情，将满腔豪气、怨气、怒气宣泄到纸面上，正是因为如此，他下笔才会跌宕腾挪，肆意洒脱，极少走媚俗路线。在当时，艺术更多地被文人墨客和王公大臣用来把玩，就书法而言，手卷、扇面、楹联等形式都是为了方便把玩。但这与傅山的表现理念有冲突，所以傅山打破了这种传统，不顾及他人看法，多作一些大幅作品，讲究整体效果。他的这种做法也对后来的书法家有一定的影响。

在书论方面，傅山提出了他著名的观点："宁拙毋巧，宁丑毋媚，宁支离毋轻滑，宁真率毋安排。"表面上是崇尚"拙""丑"，实际上是提倡率真，不要谄媚，不要轻浮，不要为了讨好别人而显现一副奴气。傅山提出这个观点，主要是对清代初期人们竭力崇尚赵孟頫和董其昌的回击。傅山自己早年也曾临摹过赵孟頫和董其昌，并且临摹得以假乱真，但是最终还是觉得他们太过轻浮和俗气，于是提出了这样的书论。在当时，这是一个大胆的言论，不过倒也符合他豪爽率真的性格。还有一种说法认为傅山之所以反对赵孟頫和董其昌，是因为清代初期的皇帝喜欢这两人，而傅山一直致力于反清复明，还为此坐过牢，差点连命都丢了。无论如何，这个观点的提出是标志性的、划时代的，影响已经远远超出了书法领域，对整个美学都深具影响。而他自己也用作品阐释了这一观念。不过，虽然傅山提出这一理论是在清初，但它真正发挥影响力、被人们推崇却是在清代晚期。

“六分半书”郑板桥

郑燮，字克柔，号板桥，江苏扬州兴化人。郑板桥曾担任过山东范县和潍县的县令，为官清廉，深受人们爱戴。在潍县上任的时候，遇到饥荒，他毫不犹豫下令开仓赈灾，结果因此惹怒上司，被免职。回到扬州之后，他专心于绘画和书法，取得不错的成就，是当时著名的“扬州八怪”之一。

郑板桥在书法上博采众长，他学习钟繇、王羲之、苏轼、黄庭坚、怀素等人，得其笔法和意蕴之后，将篆书、隶书、楷书、行书、草书的笔法融合到一起，自成一派，人称“板桥体”。由于古代隶书又被称为“八分”，所以郑板桥又嘲讽自己写的是“六分半书”(图71)。

“板桥体”最大的特点在于“融通”。现代著名画家傅抱石曾对他的字做了很准确的说明：大体来说，他的字是把真、草、隶、篆四种书体，以真、隶为主综合起来的一种新书体，而且是用作画的方法去写。这不但在当时是一种大胆的惊人的变化，就是几千年来也从未见过像他这样自我创造形成一派的。

郑板桥晚年的作品，是“板桥体”的绝妙呈现。字体既有篆书、隶书，又有楷书、草书，更有一些谈不上哪种字体的自创字体，各体之间相互掺杂，参差错落。文字也有趣：“今日醉，明日饱。说我情形颇颠倒，那知腹中皆画稿。画它一幅与太守，太守慌了锣来了。”文字和书风都有一种戏谑中宣泄的意味，相互辉映，和谐统一。

“板桥体”的融通不仅表现在各字体的融会上，还表现在书法与诗文、绘画的融会上。除了书法，郑板桥还擅长诗文、绘画，常常是一幅作品中既有绘画，又题有诗文，自然也少不了书法。中国传统艺术形式中，很多在理念上都是相通的，绘画和书法尤其如此。从唐代开始，人们欣赏绘画的标准便参考书法，主要是在意趣方面。郑板桥的书法从绘画中汲取新意，绘画也参用书法的用笔，他曾说过：“东坡、鲁直作书非作竹也，而吾之画竹往往学之。黄书飘洒而瘦，吾竹中瘦叶学之，东坡书短悍而肥，吾竹中肥叶学之。此吾画之取法于书也。至吾作书又往往取沈石田、徐文长、高其佩之画，以为笔法。”再者，郑板桥的题画诗与以往又有不同，就是文字与绘画线条无法分割，文字完全与绘画融为一体，这也是其独创之处（图 72）。

郑板桥的字个性极强。他的作品虽然往往是几种字体掺杂在一起，但用笔上主要还是隶书。他擅长画竹，笔法上也有借鉴，有竹节的意味。因为字体掺杂的关系，他的笔法变幻莫测，逆锋顺锋，藏锋露锋，随意转换。不过，笔法虽杂，但在气韵上比较统一，走的是拙朴路线。

结体上看，郑板桥的字往往略有倾斜，但是更引人瞩目的是各字体的极端化。他不讲求统一，篆书按照篆书的写法来，隶书按照隶书的写法来，楷书就端庄厚重，草书就飞扬跋扈，或大或小，或扁或圆，肆意为之。

布局上来看，板桥体讲究错落有致的效果。他的书法往往是题在画作上，所以更加不讲究布局的规整，即便是一行字中，也是大小、敧正、方圆各异，相互交叉弥补，像是用不同大小、不同形状的石头铺出一条街来。

很多人质疑郑板桥的书风根本就是胡乱为之，以怪异取胜，是偏路，不值得推崇。也有人认为郑板桥是“扬州八怪”中最有名的一位，这样的称号加上民间传说，才让他“暴得大名”，书法根本不入流。当然，审美这种事情没有统一标准，但是说郑板桥的书法毫无可取之处也是不公正的。若说书法的最高境界，根本不在于表面的笔法、结体和布局，这些只是一种展现的手段，最高境界在于以书传情，在于人书合一，在于见书如见其人。郑板桥仕途不得意，但又无可奈何，喜欢讥讽，不乏趣味，可以称得上是个“好玩的聪明人”。而他的书风与他的性情非常契合，这便是他书法的成功之处。

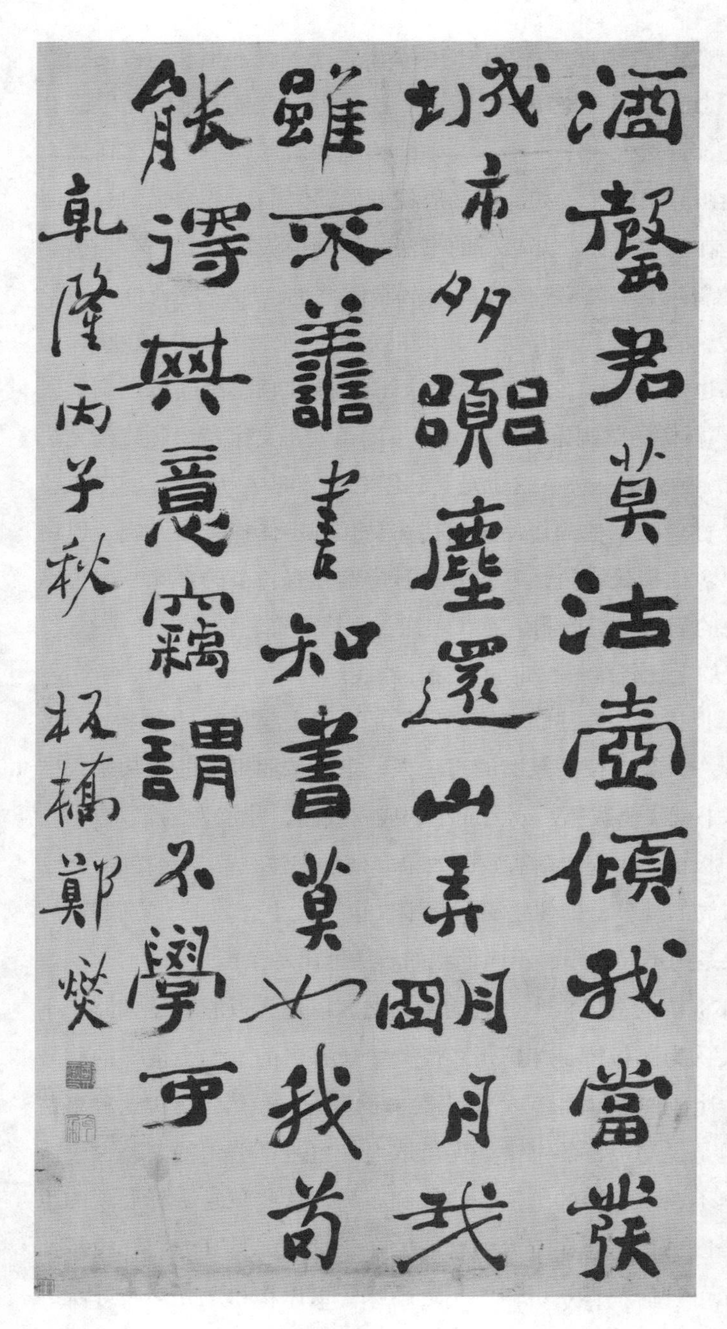

【图 71】　［清］郑板桥《五言诗》

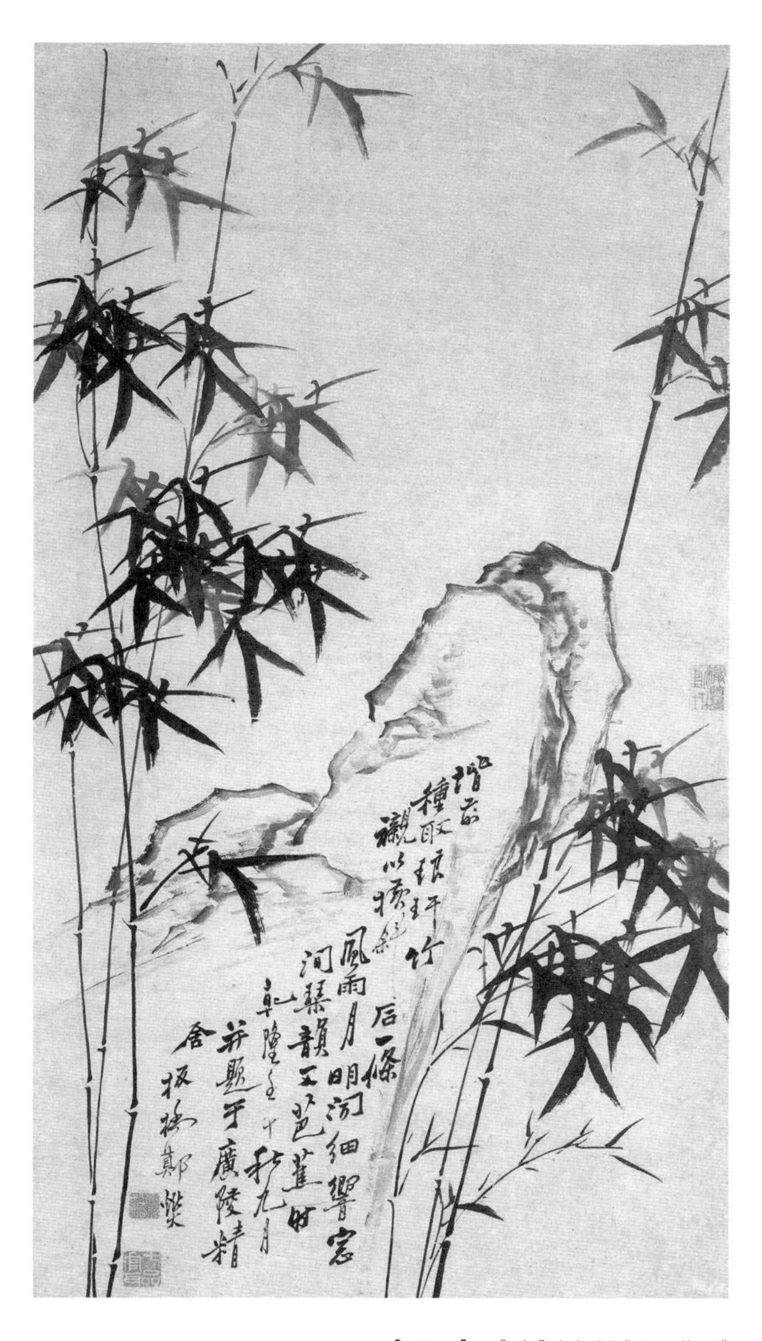

【图 72】　［清］郑板桥《琅玕竹图》

【图 73】 ［清］金农《金农自画像轴》（局部）

【图 74】　［清］金农《盛仲交事迹册》（局部）

漆书

作为“扬州八怪”之首的金农（图 73），不仅画画得好，书法也极具特色和代表性，独创扁笔书体，兼有楷书、隶书的特点。这种字浓厚似漆，写出的字凸于纸面。所用的毛笔像扁平的刷子，运笔时只折不转，像刷子刷漆一样，故称“漆书”（图 74）。这种书法初看简单，毫无章法可言，但整体上看，又具有磅礴的气韵。

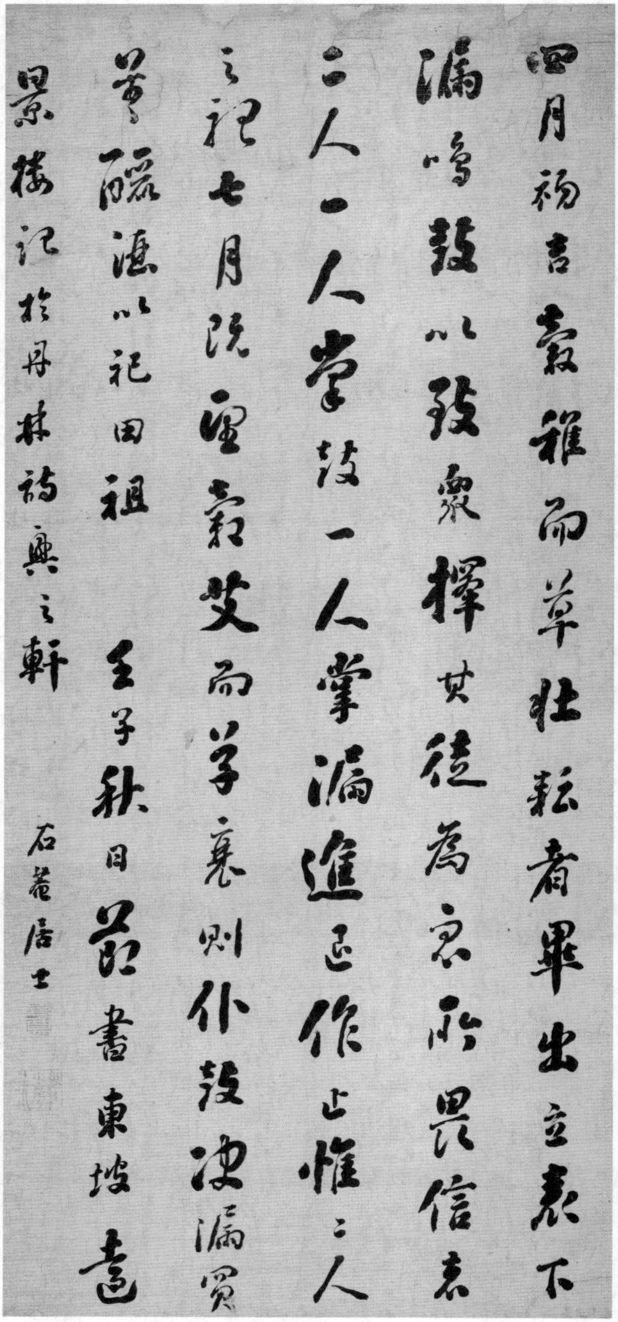

【图 75】 ［清］刘墉
《节书远景楼记》

“浓墨宰相”刘墉

刘墉，字崇如，号石庵，山东诸城人。他的祖父曾经官至四川布政使，他的父亲官至内阁大学士，可谓书香门第、官宦世家。他自己中进士，官至体仁阁大学士。刘墉除了为官，还以诗文和书法出名。

康熙非常喜欢董其昌的书法，还专门派人去各地搜集，制作成册。董其昌的书法当时得到文人推崇，尤其是参与科举考试者，考官喜欢董其昌，学子当然就会写董体。后来乾隆喜欢赵孟𫖯的字，一时间董其昌被扔在一边，大家又都去学赵孟𫖯。刘墉出身于书香门第、官宦世家，当然也是要参加科举，进入仕途的，所以少不了也随众，学习董其昌和赵孟𫖯。

乾隆十六年，刘墉中进士，从那之后，他对于董其昌和赵孟𫖯的字有了另外一层认识，并逐渐抛弃而向上追溯。他学习唐宋的书法家，如颜真卿、苏轼、黄庭坚；再后来，越追越远，学习晋人书法家，如钟繇和王羲之。他对自己要求严格，临帖长达几十年，最终博采众家，写出了自己的特色，自成一派。

清代书法家何绍基曾说：“书家须自立门户，其旨在熔铸古人，自成一家。否则，习气未除，将至性至情不能表现于笔墨之外。”这是说，书法家要有自己的风格，但是创新要建立在学习古人的基础之上，先通过尚古除去身上的戾气和邪气，才能更好地抒写自己的真性情。刘墉正是这样做的，他先是学习古人，融会贯通后再进行创新，最终走出了自己的道路，成为清代的大书法家。

即便到了七十岁的高龄，刘墉仍旧锐意进取。他临帖一生，没有认识到碑学的精妙，所以晚年开始学习碑学。因为年纪大了，他的碑学并没有取得多大的成就，但重要的是他从碑学中见到了更深广的书法境界，反过来影响到他的书法。

刘墉的书法很重要的一个特点在于用墨。他喜欢用浓墨，因为他做过宰相，还得了一个“浓墨宰相”的外号。关于这点，人们的看法褒贬不一。喜欢的人认为，刘墉的浓墨营造出一种拙朴的效果，看似笨，实则巧。但是不喜欢的人则认为，刘墉的浓墨让字显得肥腴。客观地说，刘墉的书法（图75）虽然喜用浓墨，但是并不影响筋骨，不损伤神气，反而增强了作品的表现力和渲染力。

刘墉书法的另一妙处在于字里行间流淌的真情。关于这一点，清代王文治在《快雨堂跋》中评论刘墉的作品“于轨则中时露空明，于运用中皆含虚寂，拙中含姿，淡中入妙，反复审视，乃见异趣”。

刘墉流传下来的书法作品很多，小楷有《大学》，行书有《苏诗》《七言诗》《跋圣教序》《跋泰山经石峪残石》《桑林伐鼓酒如川诗轴》，草书有《十七帖》等。

邓石如：以隶为篆，变圆为方

邓石如，号完白山人，安徽怀宁人。他因四体书法被评为清代第一人，尤其以篆书见长。篆书自唐代的李阳冰之后，几乎没有出名的书法家，接近消亡。但是随着清代开始崇尚碑学，篆书重新回归到人们视线中，邓石如便是其中最有名的篆书书法家。

邓石如虽然有良好的家庭教育，但是他的书法成就更多的还是源于自己的努力。他的父亲多才多艺，喜欢书法和刻印。邓石如受其影响，闲暇无事的时候也练习书法和篆刻，这为他日后成名打下了良好的基础。邓石如上学不多，但是他选择的是另外一条接受教育的道路，那便是古人崇尚的游历。

20岁那年，邓石如离开家乡，开始游历，一路到处拜师，结交朋友。为了筹措路费，他卖字刻印，勤奋不舍。32岁那年，邓石如专门到寿州去拜访梁巘。当时梁巘在寿春书院中讲书，他看了邓石如刻写的扇面，觉得他是个可造之才，便把他推荐给了梅镠。梅镠是江宁举人，家里是江南的望族，收藏颇丰，尤其是金石碑刻。梅镠让邓石如在自己家长期做客，并提供食宿。邓石如不用再为生计犯愁，专心临摹和创作。邓石如在梅镠家里住了八年，如饥似渴地临摹古书，通常黎明便起床，半夜才休息，寒暑无休。《石鼓文》《峄山碑》《泰山刻石》《三坟记》《史晨前后碑》《华山碑》《张迁碑》等，都被他反复临摹，有的碑帖被他临摹了一百多次。最终，他用五年时间精通篆书，三年时间精通隶书。

遠離顛倒夢想究竟涅槃三世諸佛依般若波羅蜜多故得阿耨多羅三藐三菩提故知般若波羅蜜多是大神咒是大明咒是無上咒是無等等咒能除一切苦真實不虛故說般若波羅蜜多咒即說咒曰揭諦揭諦波羅揭諦波羅僧揭諦菩提薩婆訶

般若波羅蜜多心經

[illegible]

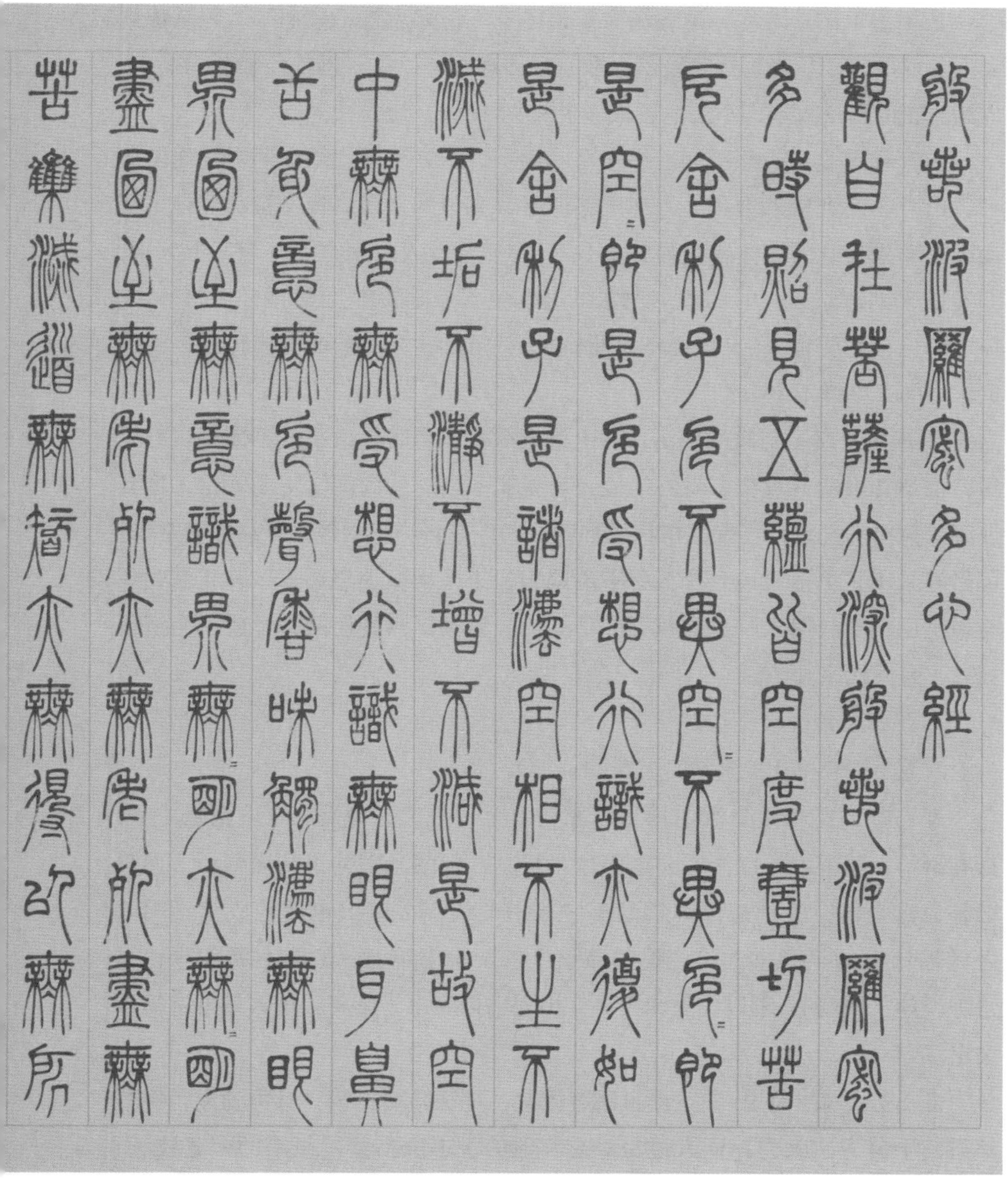

【图 76】　［清］邓石如《篆书心经》

在梅镠家的这八年，他还结交了很多文人，如袁枚、姚鼐等，并从他们身上各取所长。后来梅镠家衰落，邓石如便离开了，此时的他已经脱胎换骨，成为真正的书法大家，不过他还缺一个证明自己的机会。

离开梅家之后，邓石如继续卖字、刻字，到处游历，结交师友。他游历到黄山时，遇到贵人推荐，得到户部尚书曹文植的赏识。曹文植称赞他“江南高士邓先生，其四体皆为国朝第一”，并邀请他入京为官。乾隆五十五年，邓石如来到北京。当时的大书法家刘墉和鉴赏家陆锡熊见到邓石如的书作，惊呼不已，称赞道：“千数百年无此作矣。”至此，邓石如的名声传开，到他家求书的人络绎不绝。

邓石如过惯了闲散的生活，加上为人耿直，直言快语，既不懂得讨好上司，也不知道避讳权势。最终，他因为得罪了当时的内阁学士翁方纲，遭到诬陷，只得离开北京。曹文植将他推荐给湖广总督毕沅，他到任后颇受赏识，可惜好景不长，他又遭到毕沅手下的陷害，于是再次愤怒离开。晚年时，他与包世臣结交，两人一见如故，如师如友。包世臣称赞他的碑学成就为清代第一，是一代宗师。

邓石如之所以被称为清代后期中国书法界的巨人，在于他将曾经刻在石头上的篆书、隶书用毛笔再现了出来。

邓石如的篆书（图 76）博采百家，上至石鼓文、钟鼎文，下至赵孟頫，都有研习，其中主要以李斯、李阳冰为根基。他的篆书并不拘谨刻板，而是拙朴又有生气，达到清代碑学潮流中篆书的最高成就，也使他成为李阳冰之后最伟大的篆书书法家。他的篆书中掺杂隶书笔意，别有一番韵味，赵之谦说他：“国朝人书以山人为第一，山人书以篆书为第一，山人篆书笔笔从隶出。”

邓石如的隶书（图 77）出自汉魏碑刻，笔法险峻挺拔，骨力劲显，锋芒外露，十分有感染力，让人过目难忘。他的隶书中借鉴了篆书的一些技法，显得沧桑厚重，自成一家。

邓石如的楷书也非常精妙，他避开唐代，直接从汉魏碑刻中寻求根源，南北朝的《张猛龙碑》《贾使君碑》《石门铭》等，都对他的楷书影响很大。他

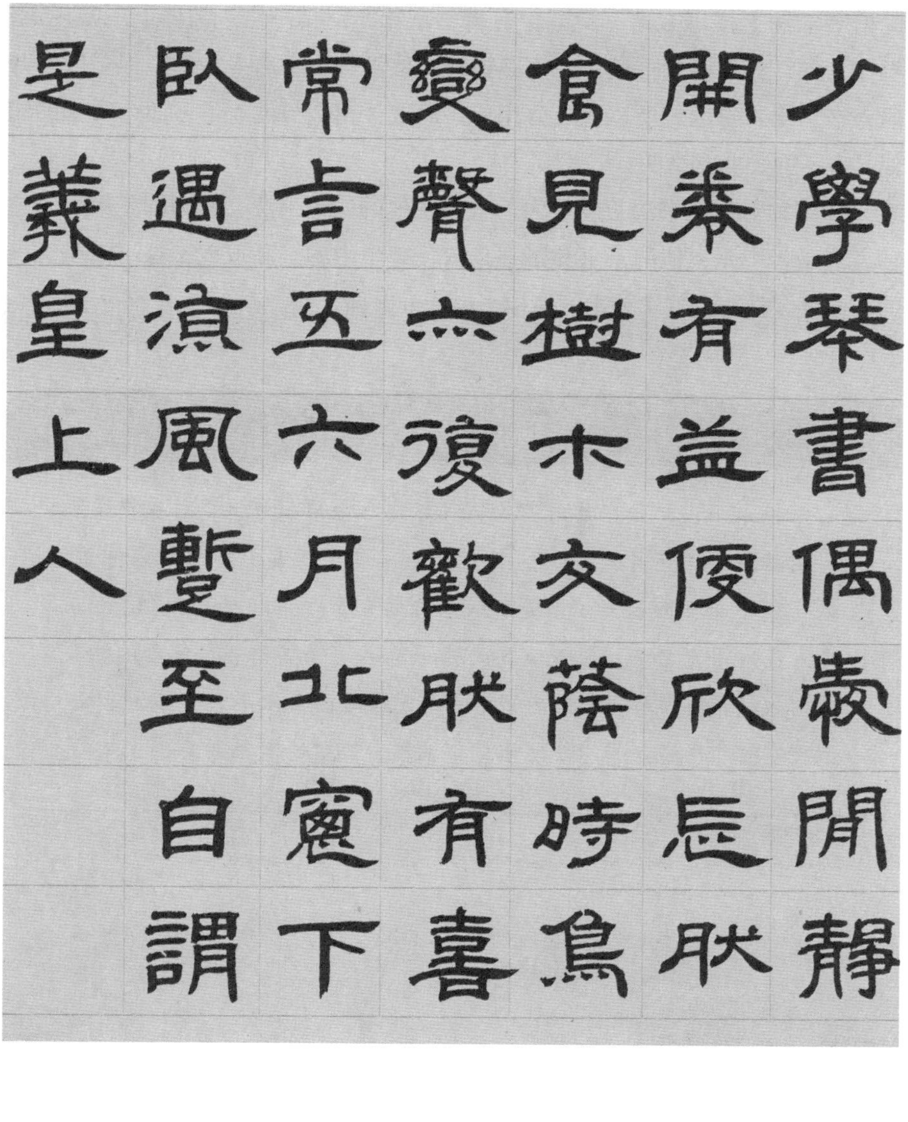

少學琴書偶愛閒靜開卷有益便欣忘肰食見樹木交蔭時鳥變聲亦復歡肰有喜常言五六月北窗下臥遇涼風暫至自謂是羲皇上人

【图 77】　［清］邓石如《少学琴书册》（局部）

的楷书笔法上多用方笔，转笔含有隶书意味，别具一格；结体上工整规矩，端庄大气；气韵上古穆端庄，浑厚拙朴。他虽然不学唐人楷书，但是因为与唐人楷书出自一家，所以有几分相似，而这种相似与他人学习唐人得来的相似又有不同，非常高明。

邓石如对清代书法贡献很大，且不说他的四体书法“皆为国朝第一”这种说法是否夸张，他的篆书和隶书是清代碑学中的至高成就，这一点是无疑的。此外，他毕生追求艺术的精神，也令人敬仰。

逆入平出法

逆入平出，是书法用笔的一种方法。由清代包世臣首先提出。他在其所著《艺舟双楫·论书》中说：“执笔宗小仲而辅以仲瞿，运锋用山子而兼及青立，结字宗完白以合于小仲。屏去模仿，专求古人逆入平出之势。”逆入，是指下笔时笔锋要朝书写笔画的相反方向入纸，随即转锋行笔。平出，是使指笔画至末不收，势尽出锋，回腕空收。用逆入平出法写出的字油腻、厚重，笔触黏着、强韧。

伊秉绶：启碑法之门，有庙堂之气

伊秉绶，字祖似，号墨卿，福建汀州人，故又称“伊汀州”。他先后任刑部主事、惠州知府，以清正廉洁出名，在民众中威望很高。伊秉绶去世之后，扬州人将他供奉在“三贤祠”中，与欧阳修、苏轼、王士贞并称“四贤”。伊秉绶擅长书法、绘画、治印，其中尤以书法有名，书法又以隶书见长，是继邓石如之后，清代隶书的又一个高峰，与邓石如并称“南伊北邓”。

伊秉绶擅长各种书体，他在行书上追颜真卿，庄重醇美，李宣龚评价：“兼收博取，自抒新意，金石之气亦复盎然纸上。”他的楷书学习虞世南、欧阳修、褚遂良、颜真卿、柳公权等人，楷书中有隶书的痕迹，拙朴厚重，姿态多变，有人评价他的楷书：“遒劲妍美，收纵自如，极具个性。”

伊秉绶最有名的，还要数他的隶书（图 78）。他的隶书以汉碑为根基，尤其受《衡方碑》《张迁碑》《礼器碑》的影响。他以颜真卿的书法入隶，笔画平直、分布均匀、四边充实、方严整饬、横直交接、风格拙朴，如宗庙殿堂的梁柱，静穆高古、气势宏大，康有为称赞他是隶书的集大成者。

对于自己的隶书，伊秉绶追求“方正、奇肆、姿纵、更易、减省、虚实、肥瘦、毫端变化，出于腕下；应和、凝神、造意、莫可忘拙”。由此可见他在艺术方面的审美方向。拙朴一直是碑学的主旨，伊秉绶作为碑学的倡导者，自然不会忘了这一点。他曾说过：“诗到老年唯有辣，书如佳酒不宜甜。”他认为书法不宜“甜”，就是要走“拙”的路线。但是“拙”并非笨，而是一种

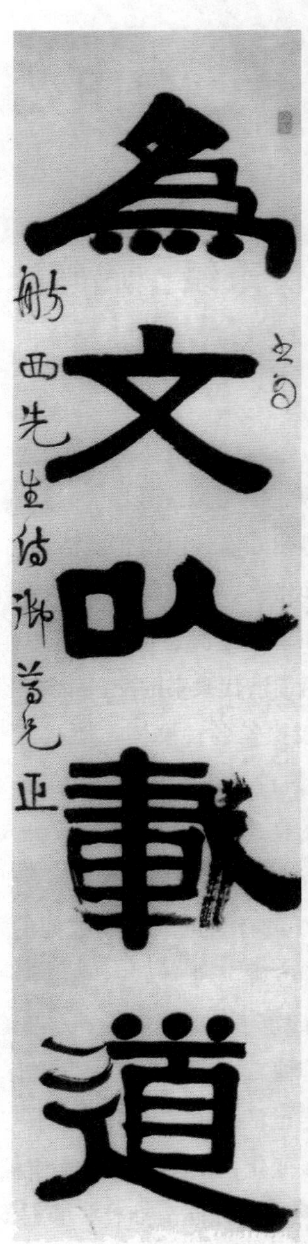

【图 78】　［清］伊秉绶隶书对联

古意。崇尚拙朴的同时，他反对呆滞，所以要求“奇肆”“姿纵”。伊秉绶在作品中严格遵守自己追求的方向。他下笔的时候多用中锋，笔画均匀，带有篆书意境；结字求稳求正，或扁或方，端庄大气；布局上字字如砖石，又内含张力，让人心情舒畅；气势上浑厚强劲，直逼人心。

伊秉绶在清代书法史上地位重要，除了他的隶书成就，还在于他对碑学的倡导。清代人们推崇碑学，批判帖学，尤其是千篇一律的台阁体，伊秉绶用自己的书法成就，为碑学做了最好的宣传，成为一种推动力。自他之后，碑学在清代得以确立，成为强大的一派，先后出了许多书法大家。

伊秉绶传世的作品很多，行书有《节临唐宋人书屏》《临柳公权尺牍轴》《自书诗册》《七绝诗轴》《行书老子语轴》《南园先生行书杜诗册》等。他传世的隶书作品以对联最多，有嘉庆三年书写的三言联“志于道，时乃功”，嘉庆四年书写的五言联“清光宜对竹，闲雅胜闻琴”，嘉庆八年书写的五言联“政声韩吏部，经义董江都”，嘉庆九年书写的五言联“从来多古意，可以赋新诗”，嘉庆十年书写的四言联“变化气质，陶冶性灵”。此外，还有他临写的《裴岑》《韩仁铭》《尹宙碑》《孔宙碑》《张迁碑》《衡方碑》《魏舒传语轴》等。

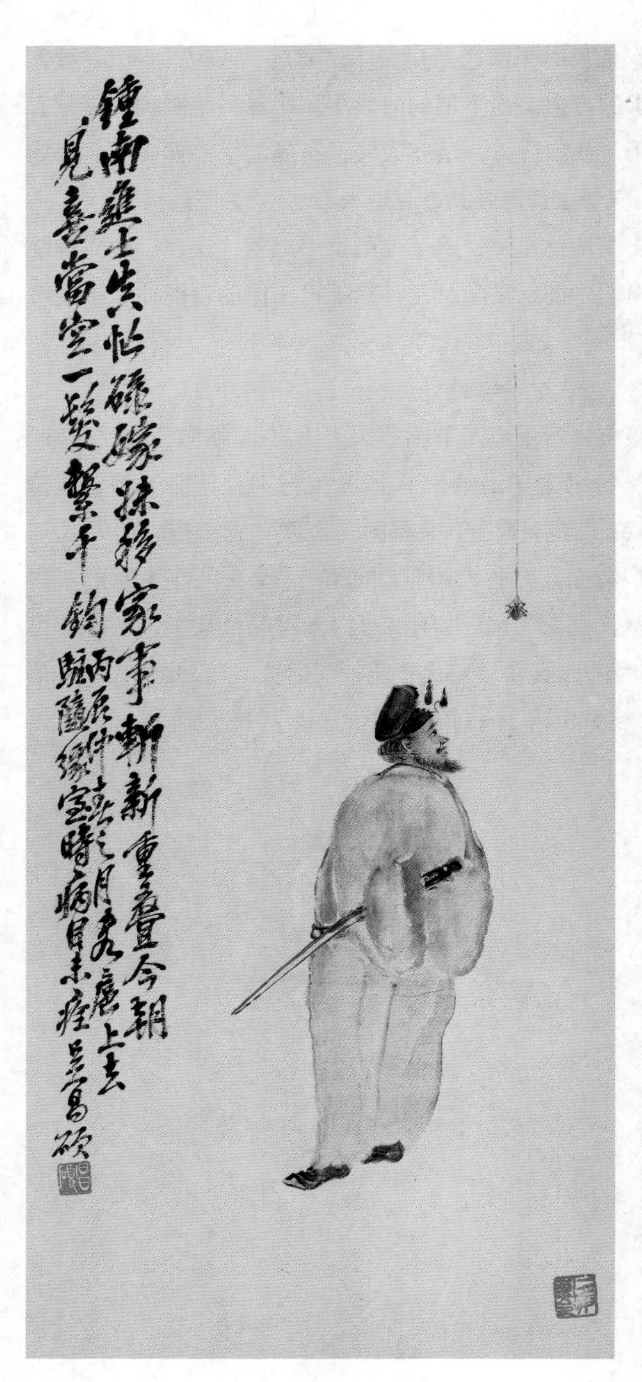

【图 79】 [清]吴昌硕《钟馗》

吴昌硕：金石翰墨具丰神

吴昌硕，原名俊，后改俊卿，字苍石、仓石等，浙江湖州安吉人。他出身于书香门第，祖父和父亲都是举人，他受到父亲熏陶，从小便喜欢书法和篆刻。

吴昌硕虽然接触艺术比较早，但是因为祸乱，大器晚成。他 30 岁才开始学诗，50 岁开始学画，最终成为一个集诗词、书法、绘画（图 79）、篆刻、训诂之大成的艺术家。虽然吴昌硕喜欢以诗人自称，但他对后世最具影响力的无疑还是书法。

吴昌硕的书法博采众家。他的楷书学习钟繇和颜真卿；行书学习王铎，其中又掺有篆书和隶书的笔意；隶书学习秦汉碑书，临摹《汉祀三公山碑》《嵩山石阙》《张公方碑》《石门颂》多遍，形成了苍劲端庄，雄壮浑厚的书风，与伊秉绶齐名；当然，他最有名的还要数篆书（图 80），他对金文、秦汉时期碑文中的篆书都有仔细研究，尤其得力于对《石鼓文》的临写。他从中年开始临摹《石鼓文》，一直到去世。他曾说："余学篆好临《石鼓》，数十载从事于此，一日有一日之境界。"他的篆书笔画有韵律，线条有张力，刚柔并济，结体上精练遒劲，拙朴中有妩媚，沧桑中有活力，将自己的性情融入其中，使其更有时代感和魅力。

《修震泽许塘记》是吴昌硕的篆书代表作之一。笔法上看，下笔圆中带方，笔意圆润，藏锋其中。吴昌硕的篆书受《石鼓文》影响很大，这篇也不

【图 80】 ［清］吴昌硕《小戎诗册》（局部）

例外，比如下笔的随意率真。整体上看，通篇都在守护中锋，但仍旧很多字有神来之笔，并不完全恪守法度，或横笔不回收，或竖笔走偏锋，端庄中极富变幻。

结体上看，字体结构右侧偏高，参差不齐。这原本是秦汉之后某个时期楷书的特点，但是吴昌硕融会百家，将其挪用到了这里，让人眼前一亮。这样造成的效果便是字体由传统篆书的端正，变成了倾斜、狭长。此外，字体往往上密下疏，上紧下松，制造出一种明显的对比效果，别具一格。

布局上看，字间距和行间距都偏密，但是并不压抑，密致中又营造出一种精妙来。墨法上看，整篇用浓墨偏多，显得内涵十足，不过偶尔几笔用枯墨，也显得顺其自然，并不违和。整体上来说，《修震泽许塘记》中既有以《石鼓文》为代表的传统篆书的基础，又不乏吴昌硕自己的风格，是篆书中难得的作品。

吴昌硕身处封建社会即将结束的特殊历史时期，在各种因素的作用下，他的书法成了书法史上的一个分水岭。在他之前，书法的审美还是以文人的儒雅、含蓄为主，而他的书风则是阳刚雄劲，大开大合。可以说，吴昌硕是古法的终结者，也是近代书法的开创者。近些年，他的书法成就越来越受到人们的重视。

上：【图 81】 铜印

下：【图 82】 石印

篆刻

篆刻是中国特有的一种汉字艺术表现形式，因其所刻字体主要是篆书，并用刻刀刻在坚硬的物体上而得名。篆刻早在先秦时就已经出现，但在两汉一度兴盛后，长久陷入低谷，直到明清才再次复兴，并将这种过去被称为“小人之艺”的艺术正式变成书法的一大门类。

篆刻是印的一种，其最大特点是轮廓、轮边以及笔画的缺损，从而拥有了其他书法形式不曾有的风化、风蚀之美，所以篆刻也被称为雅印。篆刻所用材料，秦汉时是铜（图 81），宋元时是象牙，明代以后是石头（图 82）。

明代的文彭、何震被认为是近代篆刻之祖。清末民初，吴昌硕通过模拟毛笔篆书，一改篆刻笔画整齐划一的风格，笔画有肥有瘦，相映成趣。而齐白石又将篆刻艺术带到了新的高度，一改吴昌硕的厚重，将其变得更加洗练。

李叔同：超重出世，宁静平和

李叔同，名文涛，出家后法号弘一。这是个举世罕见的全才，凡是他涉及的领域，无论是诗词歌赋、书法、绘画、篆刻、音乐、戏剧，还是佛学，后人无不对他推崇有加。书法方面，他将千百年来的书法艺术推向极致，连鲁迅、郭沫若都以能得到他的字为荣。

李叔同的书法主要分为两个阶段，即出家前和出家后。

李叔同十三四岁开始学习书法，不同于一般人学习书法由楷书入门，他最初是临摹篆书，尤其喜欢《石鼓文》，可以说起步非常高。他自制力极强，每天鸡一打鸣便起床练字，数十年如一日。在上海南洋公学读书时，同学黄炎培到他的住所见他，看到四面墙壁上挂的全是书画。当时流行学习魏碑，兴起一股碑学浪潮，李叔同也没有免俗，曾经反复临摹《龙门二十品》《张猛龙碑》等魏碑精品。不过，李叔同写碑跟别人不同，他更注重从碑书中吸取字体结构方面的技巧。出家之前的李叔同书法已不错，但并没有自己的特色。

1918 年，39 岁的李叔同在杭州虎跑定慧寺出家，从此开始了作为弘一法师的生涯（图 83）。出家后他抛弃了诸般才艺，唯独留下了书法，也就是所谓的“诸艺俱舍，独书法不废”。出家后的弘一法师书法变化很大，之前那种凌厉和源自魏碑的刚劲雄伟的风格不见了，开始变得安详肃穆。

据说刚刚出家的时候，李叔同的字迹依旧是之前的风格，非常强势。当时他为普陀山印光法师写经文，印光认为他的书风不适合写经文，在信中对

【图 83】　弘一法师雕像

李叔同说："写经不同写字屏，取其神趣，不求工整。若写经，宜如进士写策，一笔不容苟简，其体必须依正体。若座下书札体格，断不可用。"这些话犹如当头棒喝，弘一由此幡然醒悟。他知道佛界自有佛界的书风，自己既然已经出家，就要遵循。于是，他不再临习魏碑，改学晋唐书法家，如欧阳询、虞世南等人的楷书。

李叔同的书法（图 84）渐渐体现出了自己的风格，很多友人都很赞赏。

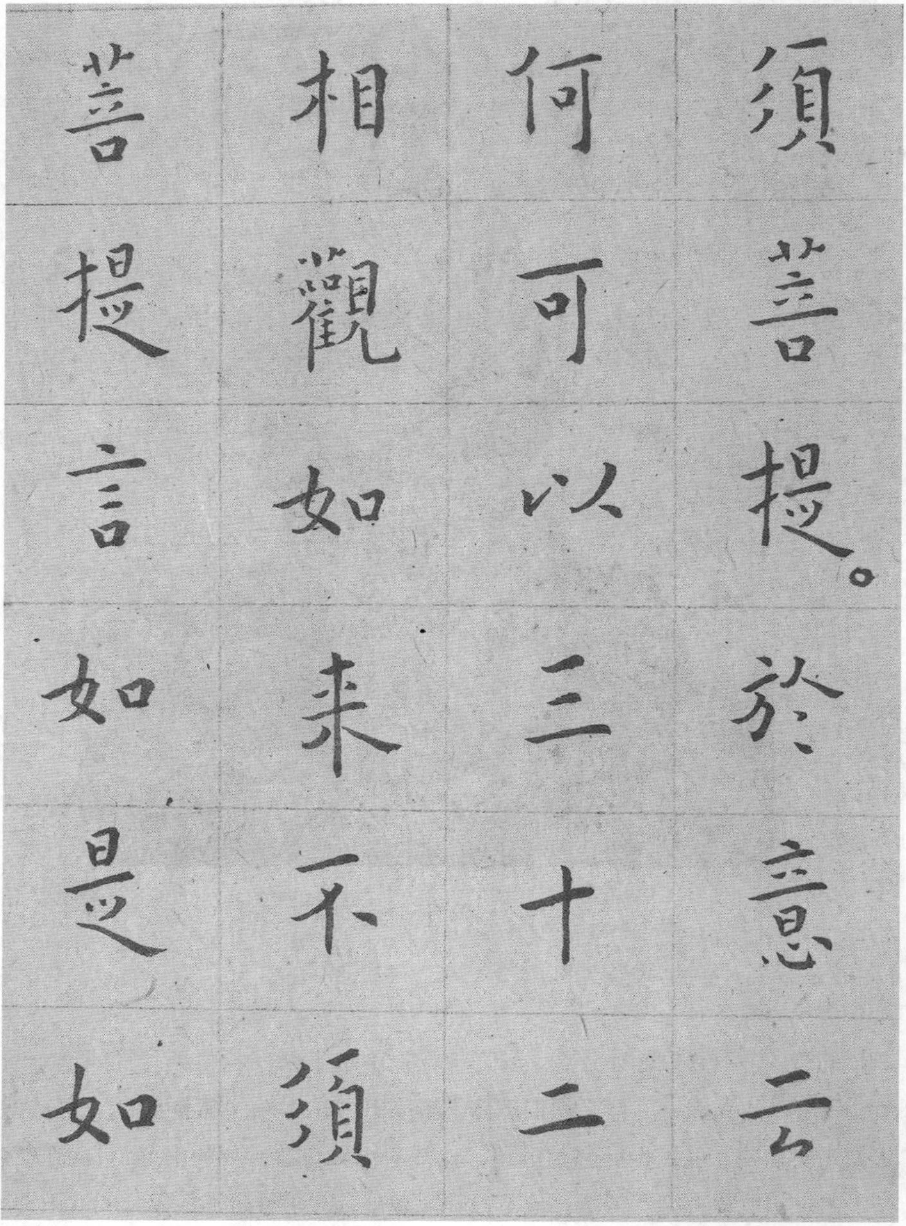

須菩提。於意云何可以三十二相觀如来不須菩提言如是如

【图 84】　李叔同《金刚经》（局部）

马一浮对他风格的总结是一个字“逸”。马一浮说：“大师书法，得力于张猛龙碑，晚岁离尘，刊落锋颖，乃一味恬静，在书家当为逸品。”李叔同自己也认同这个评价，并回应说：“平淡、恬静、冲逸之致也。”叶圣陶曾写了一篇《弘一法师的书法》，其中说道：“弘一法师近几年来的书法，有人说近于晋人。但是，摹仿的哪一家呢？实在指说不出。我不懂书法，然而极喜欢他的字。若问他的字为什么使我喜欢，我只能直觉地回答，因为他蕴藉有味。就全幅看，好比一堂温良谦恭的君子人，不卑不亢，和颜悦色，在那里从容论道。就一个字看，疏处不嫌其疏，密处不嫌其密，只觉得每一笔都落在最适当的位置上，不容移动一丝一毫。再就一笔一画看，无不使人起充实之感、立体之感。有时候有点儿像小孩子所写的那样天真，但是一面是原始的，一面是成熟的，那分别又显然可见。总括以上的话，就是所谓蕴藉，毫不矜才使气，功夫在笔墨之外，所以越看越有味。”

李叔同出家后曾说，书法讲究“四宜”，即“宜沉默、宜从容、宜谨严、宜俭约”。为了体现这四宜，他下笔多平直，尽量减少曲折，笔画非常节俭；结体上他也不主张用提按、粗细、轻重、顿挫等强烈的对比手法。整体上看，他的字没有锋芒，如清风拂水，暗蕴幽香，有一股佛家的空灵境界，一般人难以企及。

一般来说，才华横溢、思维敏捷的书法家大多任性而为，运笔如飞。李叔同同样有才华，同样思维敏捷，但他为了合乎“四宜”的规范，下笔奇慢。刘质平曾回忆李叔同出家后书写时的情况：“书写时闭门，不许人在旁乱神，由我执纸，口报字，师听音而书，落笔迟迟，全副精神贯诸纸上，每幅需写三小时左右，写毕满头大汗，非常疲劳。”

对于李叔同出家后书风的转变，李叔同的朋友，也是研究李叔同的专家陈祥耀曾经总结为三个阶段：“其初由碑学脱化而来，体势较矮，肉较多；其后肉渐减，气渐收，力渐凝，变成较方较楷的一派；数年来结构乃由方楷而变为修长，骨肉由饱满而变为瘦硬，气韵由沉雄而变为清拔。”

李叔同晚年的书法，以抄写佛经的册页、对联为主。字体偏于狭长，用笔较轻较慢，章法空间十分疏朗，呈现一派肃穆、高古的佛家气象。

“当代草圣”于右任

于右任是中国资产阶级民主革命的先驱，同时也是一位著名的爱国诗人和杰出的书法家。于右任的书法在北魏楷书中融入碑帖，自成一家，被称为清末以来造诣最高的书法家。

于右任，原名伯循，陕西三原人。他在很小的时候母亲便去世了，父亲在外经商，他只好跟随外祖父生活，一边用功读书，一边做些活计，补贴家用。他17岁成为秀才，但因有人诬陷他写倡导革命的反诗，遭到清廷的通缉。在乡人的帮助下，他前往上海，后来又前往日本。1906年，他在日本结识孙中山，一番长谈后加入同盟会。后来，他亲身参加了辛亥革命、北伐战争等。抗日战争胜利后，毛泽东赴重庆和平谈判，特地去拜访过于右任，于右任在自己的寓所设宴招待。

总结来说，于右任的书法早年从赵孟頫入手学起，后改为临摹魏碑，在此基础上将篆书、隶书、草书入行楷；中年变法，专攻草书，其中参考了魏碑笔意，独辟蹊径，自成一家（图85）。

于右任少年时代学书，赵孟頫的字体丰满有力、雄壮舒展，这些特点对于右任的影响很大，于右任的作品无论是早期还是后期，都能看到赵孟頫的影子，即便有的藏得很深，但是那种精神和神韵是遮掩不住的。后来于右任改习魏碑，魏碑的典型特点是用方笔，而于右任的字却呈现出圆笔的效果，这便是赵孟頫对他影响的体现。

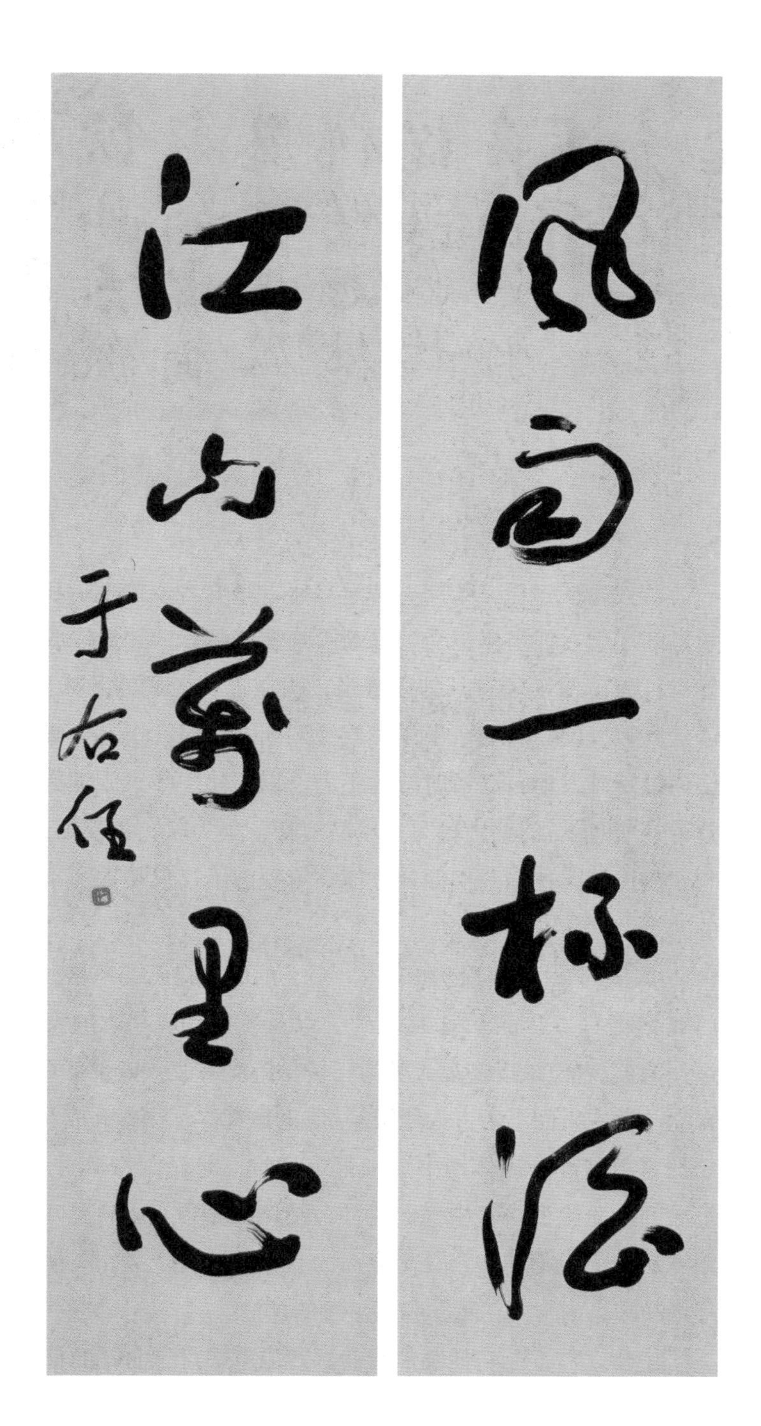

【图 85】　于右任
草书对联

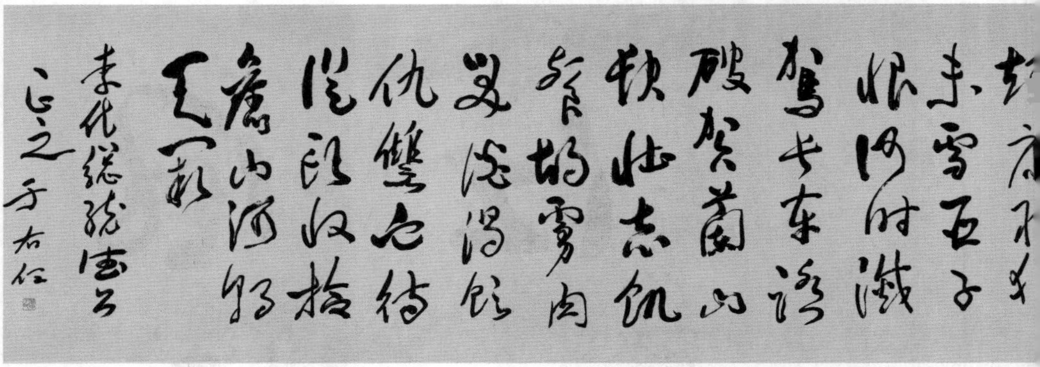

清代嘉庆、道光年间，碑学兴盛，影响力覆盖晚晴和民国，形成一股碑学思潮。于右任当然也受到思潮影响临摹魏碑，并最终成为碑学浪潮中的佼佼者。魏碑横平竖直，剑拔弩张，明显带有尚武的意味。自鸦片战争以来，清廷腐败，国力渐衰，中华民族受到列强侵略，于右任心怀国家和百姓，希望通过魏碑发泄自己对时政的不满，以图使中华民族觉醒。他曾写过这样一首诗："朝临石门铭，暮写二十品。辛苦集为联，夜夜泪湿枕。"通过最后一句"夜夜泪湿枕"我们便知，他临习魏碑不仅仅是在写字，其中还寄托了他的感情。

40岁时，于右任已在碑体楷书上形成了自己的风格，这得益于他对《石门铭》《龙门二十品》《张猛龙碑》以及各种北魏墓志的大量临摹，他曾经说过："有志者应该以造福人类为己任，诗文书法，皆余事耳。然余事亦须卓然自立。学古人而不为古人所限。"他正是这样，在古人成就的基础上，发挥自己的审美情趣，碑体楷书点画笔笔到位，时而藏锋，时而露锋，随势而为，笔画间顾盼生姿，暗中气韵流动；结体疏密得当，自然巧妙；布局清朗，行距宽泛，字距不拘一格，随意而为。第一眼看上去，有明显的魏碑特点，再仔细品味，内含"二王"和赵孟頫的神韵。

中年之后，于右任突然转变，专攻草书。于右任的草书（图86）绝大多

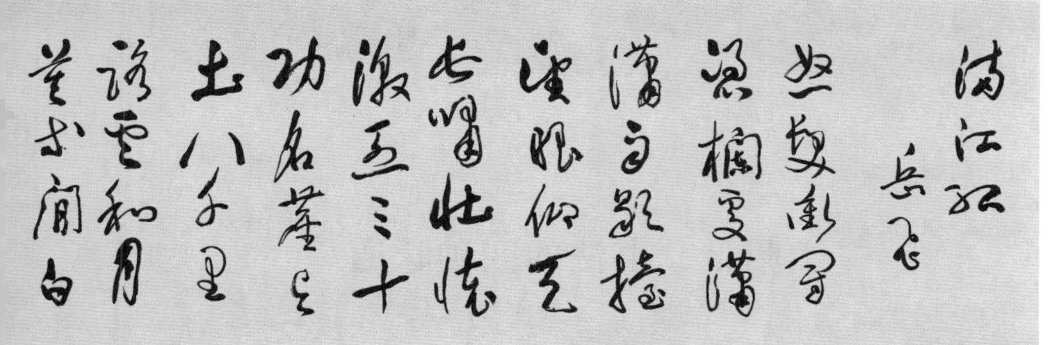

【图 86】　于右任《岳飞诗〈满江红〉》

数是今草，字字独立，互不相连，只在很少情况下才会两三个字连笔。虽然极少连笔，但气势一点都不弱，笔画质朴遒劲，厚实凝重又不失飘逸，颇有章草的意味。而他的章草，则运笔如飞，急速行笔中处处可见停顿痕迹，显得体圆笔方，别有风味。他下笔速度极快，潇洒灵动，同时笔力一点都不减。这种速度和力度的结合构成了于右任独特的章草风格。

到了晚年，于右任的草书将章草、今草、狂草融为一体，达到了出神入化的境界。下笔看似随意，但字字不同，笔法、结体、布局都恰到好处，也正是因为如此，日本书界称他为“旷代草圣”。

1932 年，于右任发起成立标准草书社，并创办了《草书月刊》。他根据自己的经验，总结了草书“易识、易写、准确、美丽”四个原则，依此从历代草书作品中，选出符合标准的字，集合到一起，编成《标准草书千字文》。此外，他还研究了篆书、隶书、楷书、行书与草书之间的变化关联，解决了草书书写规范的问题。这些成就，都是草书发展史上的大事件。

附录　书法的四种味道

笔力

所谓笔力，指的是字的笔画中体现出来的力道。书法的欣赏中笔力非常关键，南朝齐国书法家王僧虔在《答竟陵王书》中曾评论："古今既异，无以辨其优劣，唯见笔力惊绝耳。"意思是说，古今书法审美不同，所以不能说古今的书法家谁比谁好、谁比谁差，但是笔力如何是不变的参考标准。一幅书法作品如果笔力偏弱，那其他方面再出色也没用。笔力强健才算得上是好作品，越是水平高的书法家，对笔力的控制也越在行。书圣王羲之的作品中便洋溢着一股力的美感，刘熙载在《艺概》中评价他："力屈万夫，韵高千古。"

关于书法中笔力的重要性，最早有专门论述的是东汉大书法家蔡邕。他在自己的书法专著《九势》一文中说："藏头护尾，力在字中。"意思是说，笔画的开端运用藏锋，收笔时回锋护尾，这样就能表现出力道。这一点蔡邕自己做得就很好，他的字就被评价"骨气洞达，爽爽如有神力"。唐太宗除了是一位了不起的皇帝，也是一位书法家，他也曾专门写书说明笔力的重要性，说："今吾临古人之书，殊不学其形势，唯在求其骨力，而形势自生耳。"刘熙载十分赞同李世民的话，说："骨力形势，书家所宜。"

笔画的起笔和收笔处往往是体现笔力的关键，在这方面前人总结了很多经验，比如下笔的时候欲左先右，欲右先左；欲上先下，欲下先上；有往必收，无垂不缩等。行笔的缓急对力道美的体现也有很大的影响，如果做到恰到好处，缓慢的行笔能让笔画体现出庄重浑厚的力道美；急速行笔可以体现潇洒飘逸力道美。此外，笔画的粗细变化、停顿转折，都会体现出不同的力道美。笔画的粗细变化能传递出不同的精神气韵；停顿使得笔画具有节奏感，如同音乐中的抑扬顿挫；而转折对笔力的讲究就更多了：转折一般分用方笔和圆笔，方笔更有劲道，圆笔则稍显含蓄，不过要求更高，需要筋骨内含。圆笔一般更能表现温婉和柔美，所以适合篆书和草书；而方笔力道外露，体现强健之美，所以更适合隶书和楷书。

笔锋的使用能产生不同效果的笔力，从而构架起不同字形的筋骨。笔锋的运行方式一般分为中锋、藏锋和露锋。书法的势态、色泽、气韵等都是通过笔锋的铺毫、藏露营造出来的。所以说，书法家笔力在纸上体现出来的种种变化、种种美感，很大一部分都是出自对笔锋的熟练运用。“中锋”行笔是书法艺术的基本技法，历代书法家都追求“笔笔中锋”的境界。书法中如果能做到有骨而不露筋，是极高水平的体现，因为其中既有书法审美不可或缺的风骨，又有中国艺术讲究的含蓄美，两者若有若无，合而为一。要想达到这样的效果，就需要了解书法中的藏锋和露锋。藏锋能营造出一种凝练之美，圆润但不失力道。不过藏锋最怕的是笔画中没有筋骨，所以一般会比较用力，能达到力透纸背的效果最好。对于露锋来讲，最高的境界是外方内圆，外方内圆的笔画一般看似粗犷，但不失内在的精致；看似险峻，又不失其中的端庄。藏锋一般用圆笔，而露锋一般用方笔，但不论圆笔还是方笔，藏锋还是露锋，只要处理得当，都会体现出笔力的魅力，让书法呈现出不同的审美来。

书法的审美不外乎就是用笔、结体、布局和气韵，其中用笔和结体最能体现笔力，如笔画中的点讲究“如高峰坠石”，横讲究“如列阵之排云”；如用笔的力度，笔势的运行；再如字体结构中上下、内外的松紧疏密，无不直接影响笔力的效果。不同字体的赏析中，对笔力的讲究也有所差异，比如篆书的回环曲折讲究“字若飞动”的运动感；隶书和楷书的笔势讲究上下挑起或左右拖曳；草书、行书则讲究用轻盈矫健的点画去表现字的动态美。

笔力是书法艺术打动人心的关键所在，往往一撇一捺、一点一画中小小的力道，便能触发一个人对整幅作品的感动，起到的是四两拨千斤的作用。

结体

书法中所说的结体，也称结字，简单说就是字体结构的意思。字体结构问题要考虑的方面很多，比如笔画是否均匀、重心是否稳重、内外和上下的疏密关系、偏旁所占的空间等。自从有书法以来，历代书家都注重字的结体，专门关于结体的著作也不少，比如唐代欧阳询的《结体三十六法》等。

书法经过几千年的发展，对于什么样的结体符合审美，人们有着基本的共识。首先要平正，所谓平正是指字体对称、平衡。从最初的篆书，到之后的隶书、楷书，都非常明显地体现了这个特点。横平竖直，平稳端庄，非常大气，这便是平正。汉字也被称为方块字，说的也是这个特点。即便是行书和草书，骨子里也是平正的，连笔和飘逸是在平正的基础上演绎出来的。但是，如果单纯讲究平正，会让字体变得呆板，很容易产生审美疲劳，所以在平正之外，还要讲究变化。平正和变化统一，便是中国书法在结体方面的要求。

结体除了注意平正与变化结合，还有三大原则。

第一大原则是主与次。一个字中，起统领作用，能够涵盖住其他点画的笔画被称作主笔。主笔是一个字的灵魂所在，最能传递出这个字的精神，所以最为重要。相对于主笔的是次笔，次笔的作用是配合主笔、衬托主笔，帮助主笔一起打造出一个有渲染力的字来。关于主笔和次笔的关系，以及相互作用，清代刘熙载有一段话，他说："画山者必有主峰，为诸峰所拱向，作字者必有主笔，主笔立定，为其余笔所拱向。主笔有差，则余笔皆败，故善书者必争此一笔。"一个字的主笔往往是一些左右或者上下贯通的笔画，如横、竖等。不同书体的主笔不同，小篆字体偏长，主笔多半是竖笔；隶书字体偏扁，主笔便落在横笔上；草书和行书非常灵活，主笔往往因字而异，有时候同一个字由不同人来写，主笔也不一样。把主笔写好，字的结体才会平正，主笔和次笔相互配合，字体才会出现变化，变得丰富立体。

第二大原则是正与奇。正与奇在字体结构变化中起着很大的作用，两者关系处理得恰到好处至关重要。字体如同人体，首先要端正，具体表现便是笔画粗细是否均匀，横笔是否够平，竖笔是否够直，各部分之间是否和谐等。但是，人体的端正只是基础，人只要一动，便会有变化。不过人体无论如何变化，只要动作自然，其中平衡的美便存在。字体也一样，不能只有正，还要有奇，这样字才会是活的，才有气韵。很多书法家，练字的时候讲求正，但是等到了一定阶段，便会讲求奇。因为正的标准是固定的，大家都守正，便不会有创新，而想要创新，便要出奇。不过一些书法家没搞清正与奇的关系，做不到正便想出奇，一味求偏，求怪，本想剑走偏锋，却成了歪门邪道，这种作品只会一时吸引人的眼球，不会长久，因为它并不符合大众的审美。真正的大家会守正出奇，将两者和谐统一。

第三大原则是和与违。一个字中，笔画的变化，如粗细、长短、方圆等被称为“违”。无论笔画如何变化，到了结体上它们呈现出来的是同一种气质，这种和谐统一便是“和”。关于和与违之间的关系，书法理论上有个著名的说法，那就是“和而不同”与“违而不犯”，这个理论出自大书法家孙过庭。字的结体如果过分“和”，点画一致，便会显得机械、呆板，所以要用“违”来点缀“和”，这便是“和而不同”。但是在处理“违”的时候，笔画间的差异不宜过大，否则会相互干扰，无法达到统一，便会影响到“和”，这就要求各笔画间“违而不犯”。“和而不同”是在统一中求变化，“违而不犯”是在变化中求统一，两者相辅相成，缺一不可。

当然，不同字体又各有自己的特点。有的字体偏端庄，如隶书和楷书，它们本身的特性便会偏向于“和”，要想出色，就要“和而不同”；而有的字体如草书和行书，本身的特性是偏“违”，就格外需要注意“违而不犯”，免得不伦不类。

墨法

书法，是在黑白世界之中表现人的生命节律和心性情怀的方式，在素绢白纸上笔走龙蛇，留下莹然透亮的墨迹，使人在黑白的强烈反差对比中，虚处见实，实处见虚。所以说，墨法是赏析书法艺术的重要因素。清代包世臣在《答熙载九问》中说“墨法尤书艺一大关键”。书法是表现生命节奏和韵律的艺术，非常讲求筋骨血肉的完满。字的血肉就是纸上的水墨，只有水墨调和，墨彩绚烂，才能达到筋道骨劲、血浓肉莹、气脉贯通的美的要求。

书法的意境美很大程度上要靠墨法的浓淡枯润来渲染。作品中的墨色或浓或淡，或枯或湿，可以造成或雄奇或秀媚的书法意境。墨色的运用能加深书法作品的意境和情趣，如晋代王珣《伯远帖》具备字法、墨法、章法三美，当代书法家启功点评说：“余尝于日光之下，映而观之，其墨色浓淡，纯出自然。一笔中自具浓淡处无论已，即后笔过搭前笔处，笔顺天成，毫锋重叠，了无迟疑钝滞之机。”王铎的草书善于用笔，枯润并用，墨气扑人。苏轼善用浓墨，讲究莹莹墨色“须湛湛如小儿目睛乃佳”，故字字精神，顾盼生辉。而郑板桥善用淡墨，非常考究墨色的浓淡枯湿，浓不凝滞，枯不贫瘠，给人以流畅照应的意境美感受。同时，墨色或浓或淡的追求，在一定程度上又体现出书法家不同的艺术品格和审美风范。清代的刘墉喜好以浓墨写字，王梦楼善于用淡墨作书，时有“浓墨宰相”“淡墨探花”之称。

水墨是汉字书法的血肉，影响书法作品的气韵与成败。欧阳询说：“墨淡则伤神采，绝浓必滞锋毫。肥则为钝，瘦则露骨。”凡是大书法家，无论哪个朝代的，都对墨法特别讲究。

通常墨可分为浓墨、淡墨、干墨、湿墨、渴墨、涨墨几类。

一般人写书会用浓墨，因为浓墨显得字有精神，特别是隶书和篆书，浓墨更显浑厚；同浓墨的庄重相反，淡墨显清雅，有一番朦胧和超脱的意味，不过需要掌握好字的筋骨，不然会显得无神；干墨也会出现淡墨的效果，因为墨水较少，还会出现飞白，能制造洒脱飘逸的效果，但切忌下笔不畅，枯燥无趣；湿墨饱含浓汁，笔画丰腴，精神倍显，但要注意体现筋骨，否则会让人感到臃肿无力；渴墨是指比干墨还要干的那种墨，草书中用的较多，对书写者要求较高；涨墨比湿墨还要浓郁，追求的是那种墨汁洇开的效果。

上面说到的这些墨法在书写的时候一般是结合使用的。此外，影响墨法的还有用笔和纸张，尤其是用笔。墨法千变万化，基本功都在笔和墨之间，具体说是以笔控墨。

首先，以笔控墨，作者才能用墨自如，不会受制于墨。中国书法主要是写在宣纸一类的纸上的，这种纸既有托墨的功效，又易于吸收水分并很快晕化开去。因此，作者如果没有控墨的功夫，就会在落笔之时过于湿晕，而稍一运动则笔已干渴。发生这种情况，就叫受制于墨。假如蘸一笔墨还写不成一个字，墨色怎么可能均匀？又怎么可能有节奏、气脉可言？所以，作者必须具有以笔控墨的本领，使笔画受墨的多寡、水分的燥湿、色调的润渴都达到一种和谐的状态，符合审美的要求。同时，也正因为能够控墨，写的时候便不至于常常被动地停下来蘸墨，而是或行或止均出自自觉与主动。这样才会出现笔墨的节奏，给人以气脉通畅的感受。

再者，以笔控墨，才能真正做到“墨到之处皆有笔在”。这是传统书论中很强调的一点，只有这样，才是真正的“意在笔先”“心手相应”，所作之书才会是真正自觉的艺术创造，而不是在失控状态下碰巧写成。有人可能产生疑问，说：“墨是笔写出来的，难道还会出现有墨无笔的情况？”要知道这种情况是很容易出现的，原因在于墨水在纸上的晕化。初学写字，很可能着笔之处只有细细一画，或者小小一点，晕化以后却变得粗大起来。那么，这加粗了的笔画究竟是作者的自觉创造呢，还是宣纸的特殊性所造成的？答案显然是后者，而这就是“任笔为画，因墨成字”的表现之一。如果出现这种情况，书法艺术的自觉创造性会大打折扣，而且那大大晕化了的点画也不会富有弹力，更称不上精深。

当然“墨到之处皆有笔在”这句话也不可以绝对化。用宣纸写字，要说没有丝毫晕化，恐怕任何书法家都做不到。只要不出自觉控制的范围，保持点画精深、形象的美观，那么也就可说是控墨有方了。

气韵

前面讲到了书法艺术赏析要注意笔力、结体和墨法，这都是针对具体的字而言，除此之外，书法赏析少不了整体上的意境美。正是意境美，才使得书法从单纯的记录功能变成艺术品被人欣赏。

所有艺术形式中，书法所表现的意境最为空灵，因为绘画可以直接描绘风景、人物，诗词可以直接抒发感情，雕塑可以直接复制事物本身，而这些技法在书法中都无法施展。书法艺术创造意境有自己的方法，只不过比较抽象。笔画的粗细长短、结体的偏正疏密，章法的气韵流畅，通过这些，书法展现出自己独特的意境，虽然空灵，但给读者留下了充分的想象空间。

书法艺术中意境美的创造，主要在于两点，一是书家的笔意，二是书家的心性。

笔意指书法作品中体现出来的情趣和风格，能集中体现一个书法家的审美。真正的书法家并不拘泥用笔，而是变化多端，笔画、结体、布局相互照应，形式虽然多样，但是效果和谐统一，整体上达到让人满意的效果。一般来说，书法赏析者能从字体的笔画变化中察觉到作者的感情变化，领悟到作者的思想，一般书法名家的作品都会达到这样的效果。而能否感受到这一点，不同水平的欣赏者会有不同的体验。

书法作品中的笔意，是一幅作品能否具有自己特色，能否贯穿自己气韵的关键，也是最能体现中国传统美学思想的所在。笔意审美最基本的要求是“笔断意连”。笔断意连是指书法作品中笔画虽然断开，并不相连，但内在的笔势依旧暗中相连，有一种整体的感觉。对于书法审美而言，做到笔断意连至关重要。草书虽然讲究连笔，但如果笔笔相连，没有间断，则体现不出浑厚苍雄的气势；楷书不讲究连笔，但若每一笔都泾渭分明，笔势没有照应，则会显得无神，呆板无趣。书法中，“笔断”能让一个字看上去大方有度，而“意连”则使整幅字气韵流畅，呈现出意境之美。

笔断意连并非简单的书法技巧，而是要求作者对生活和艺术有足够的体验，这便涉及意境美的第二个体现：“心手达情”。

好的书法作品中都会蕴含着书法家的感情流露，一笔一画，或断或连，都是作者内心情绪和心态的体现，而这种能够掺杂进作品的感情，成为书法审美的重要组成部分。倘若在一幅上下翻飞的草书中，我们感受不到作者的喜怒和豪迈，没有引起我们的共鸣，那这幅作品就称不上好作品。古往今来，所有的大书法家，所有的一流书法作品，都能引起大部分观者的情绪变化。这也是书法，尤其是大家和名品能一直流传至今，被人推崇的原因所在。作品中蕴含的思想感情造就的意境之美，使书法作品具有特殊的美感。

“心手达情”最基本的一个体现便是，我们常常通过作品，哪怕不是出自名家，也能基本上看出作者是个什么样性情的人。比如，若是一幅字看上去拘谨，那么写字之人多半为人谨慎；如果一幅字看上去不拘一格，天马行空，那么写字之人也多半为人洒脱，潇洒不羁；一幅字若是结实紧凑，写字的人多半做事严谨细致；一幅字若是质朴无华，那么写字之人多半老实持重。一个书法家作品中的意境之美往往是一以贯之的，多数人在经过初步的选择和尝试后，会坚持临摹一个人的作品。

当然，书法是一门艺术，欣赏者也需要提高自己的艺术素养，如此方能体会到更多的美。

中国书法

策　　划 | 高　欣
品牌运营 | 孙　莉
销售总监 | 彭美娜
执行编辑 | 陈　静
营销编辑 | 王晓琦　张　颖
技术编辑 | 李　雁
装帧设计 | 高高国际

微信公号 | 高高国际

法律顾问 | 北京万景律师事务所　创始合伙人　贺芳　律师